秒懂男人

陆琪 著

北京联合出版公司
Beijing United Publishing Co.,Ltd.

图书在版编目（CIP）数据

秒懂男人 / 陆琪著. — 北京 : 北京联合出版公司,
2015.6
ISBN 978-7-5502-5262-2

Ⅰ. ①秒… Ⅱ. ①陆… Ⅲ. ①男性—心理学—通俗读
物 Ⅳ. ①B844.6-49

中国版本图书馆CIP数据核字（2015）第093794号

秒懂男人

作　　者：陆　琪
选题策划：北京磨铁图书有限公司
责任编辑：管　文
封面设计：仙　境
排版制作：刘珍珍

北京联合出版公司出版
（北京市西城区德外大街83号楼9层　100088）
三河市祥达印刷包装有限公司印刷　新华书店经销
字数180千字　635毫米×965毫米　1/16　印张15
2015年6月第1版　2015年6月第1次印刷
ISBN 978-7-5502-5262-2
定价：32.80元

目录 CONTENTS

Chapter 01

浪子

浪子回头死得快

五秒钟看懂男人
秒懂男人之一：浪子

特征：浪子泡妞的三个技巧是暖心、诚恳和忏悔。他们是以泡妞以及追到姑娘为最终目标的群体。浪子是不会为哪个姑娘驻足的，他们只是不断地得到姑娘并抛弃姑娘，且以此为乐。

浪子最大的本事就是会装，他们装好人、装坏人、装有钱人、装可怜人，只要什么样子能泡到妞，就会装成什么样。

姑娘们很容易为浪子所倾倒，因为他们总是体贴暖心，总是帅气迷人，总是充满个人魅力。

但你要弄懂，这些都是浪子泡姑娘的伪装。他们的外表金碧辉煌，内心是一包稻草。你是摸不到浪子的心的，因为他们都没有心。

爱情密码：所有的浪子都是洋葱，你以为一层层剥开后，就可以找到他的心。可惜你永远找不到洋葱的心，只会为洋葱流泪。

浪子就是爱情路上的海市蜃楼，看着是那么美，却永远也走不到。

真实的故事
秒懂男人之一：浪子

很多姑娘，几乎必然会遇到一种男人，那就是浪子。

据我们统计，姑娘们中，有三分之二曾被浪子伤害过。

之前我就打过一个比方，每个人都是一个独立的小房子，而正常的好男人和好女人，因为不知道怎么追求异性，所以都是待在自己的房子里，等待别人来主动敲门。

而真正会去一个个敲门的，就是那些情场浪子，因为他们泡过很多姑娘，所以他们有了足够的经验，也有足够的信心。

因此，能主动来追求你的人，一般都是有充分经验的。其中浪子占了大多数。

在我们的长期案例收集过程中发现，浪子们有比较普遍的多吃多占现象——30%的浪子，拥有过70%的姑娘。而剩下的那70%的好男人，都成了接盘侠。

这一章，我们就好好讲讲浪子这件事。

这个故事的男主角栾平，是个大学老师，长得比较高大，又是教表演的，所以在大学里非常受姑娘们的青睐。

栾平身处一所艺术院校，学校里自然不缺美女。而且栾平年过三十也不结婚，单身就没有任何道德负担，他就可以跟任何姑娘谈恋爱。

在以前的书里，我就说过，一个男人要想睡姑娘，无非就是几种手段——

要么用权，要么用钱，要么用外貌，要么用谈恋爱。

栾平是个普通的大学讲师，权力是没有，财力也是不够的，外貌有一点，但也不是那种让人神魂颠倒的类型，最多就是有成熟大叔的味道。

所以，他泡妞猎艳的最主要手段，就是靠谈恋爱。

谈恋爱是一件很正常的事情，但为什么说栾平是一个浪子呢？因为他从来不把一段恋爱谈过半年，而且，他几乎从不止和一个姑娘谈恋爱。

也就是说，他会同时和几个人谈恋爱，每个人都不会超过半年。这与其说是谈恋爱，还不如说是用谈恋爱的方式来猎艳。

栾平的猎艳对象，基本都是自己的学生、电视台的主持人，或者是剧组的小演员，每一个都是超级美艳好看的。

这么高质量的情况下，数量也一点儿都不少。据说栾平曾经泡到过的姑娘已经超过四十个，而曾经睡过的姑娘，大概三位数了。

有一次栾平喝醉了，跟自己的兄弟们吹牛，说自己没有泡不到的姑娘，只要他愿意下手，就一定可以搞定对方。

都说出这种话来了，那他的兄弟肯定不会服气啊，就专门指定了几个圈内够好看、又出了名难追的人让他去泡。

没想到短短几个月时间，这些目标竟然真的一个个地都让他给泡到了。这个令人瞠目结舌的事实，让所有兄弟都佩服万分，最后不得不去跟他学习泡妞的手段。

栾平是一个浪子，而浪子的泡妞手段到底是什么呢？

是专业。

如果把泡妞当作单纯谈恋爱的事情，那就是随心所欲；如果把追姑娘当作一辈子要结婚的事情，那就是付出所有。

而栾平作为浪子，泡妞是他的特长，也是他精心研究的事情，所以，他把泡妞作为一个专业的科研项目来研究。

栾平的第一个研究结论就是，每个女人都是不同的，当你想要泡到一个女人的时候，就要尊重她、了解她、理解她。

你看，这个结论听起来是很不错的，但这种尊重、了解和理解其实只是为了泡妞而生，而不是为了爱上对方，那就特别无厘头。

但栾平屡试不爽，成功率超高。

因为每当他想要泡一个姑娘的时候，总是会先去了解对方的需求。

当然，每个女人的需求都是不同的。

有些姑娘，想要结婚，那么栾平就假冒想要结婚的靠谱生活男去接近。

有些姑娘，喜欢富足的生活，那么栾平就假装特别有钱的高富帅去接近。

有些姑娘，想要事业成功，想要走红，所以栾平就以某些剧组顾问、编剧、副导演的身份去接近。

有些姑娘，只是缺爱，所以栾平就以特别关心对方的温柔男士身份去接近。

为什么普通的男生总是泡不到妞？就因为他们只想做自己，也只会做自己。到最后，只有喜欢他们的姑娘能接受，而大部分姑娘是不喜欢他们的。

而浪子却不同，他们的目标非常明确，就是为了追到姑娘，为了这个目的，他们可以做出任何改变。

所以像栾平这样，先去理解姑娘，去了解姑娘，知道对方的需求，再把自己装扮成对方需要的人出现。

这当然是一个骗子，当然也是一个骗局，却会让每个姑娘都觉得特别舒服，特别贴心。

这就是浪子泡妞的第一个技巧：去做一个骗子，但却是暖心的骗子。

就譬如说栾平在追求一个主持人的时候，知道这个主持人为了上某个节目而烦心，就想出各种方法，以老师或者行业高端的身份给她提意见，帮她走各种渠道，一副完全可以帮她搞定的样子。虽然最后由于种种原因没有搞定，但他表现出来的专业和实力，却完全打动了主持人，让这姑娘死心塌地地爱上了他。

这就是用姑娘想要的事业去诱惑人家。

而在另一个例子当中，栾平追求某银行的投资顾问。没错，现在金融界里的女投资顾问往往都很好看。栾平追求的就是一个超级大美女，手上的客户都是几千万上亿的主儿，钱是真不缺，估计这姑娘自己少说也是千万身家了。

这样的姑娘，周旋在有钱人之中，当然也会和富豪们有不清不楚的关系，男人也很多。她不缺钱，不缺男人，但真的缺嫁人。

没错，她想要赚钱的话，就必须留在这个富人的圈子里。但这个圈子里，确实没人娶她。而当姑娘的年纪越来越大，尤其快到二十八岁的时候，不仅家里人急，连她自己都很着急。所以姑娘现在急需有人娶她。

栾平就恰如其分地出现了。他首先伪装成一个有钱人，当然真投钱是不可能的，毕竟他的身家连人家投资的零头都没有，但不妨碍他出入高档场所，出手阔绰。花钱装阔，其实没花多少。

而更重要的是，栾平从一开始的时候，就表明自己是单身，而且是抱着结婚为目的追求姑娘的。这就和我们所说的结婚男有一点像。一开始就拿出种种要结婚、要生孩子的说辞，把姑娘迷得晕头转向。

等到姑娘委身于他，真的琢磨着要结婚成家的时候，栾平又迅速地撤了。反正他的目标，就是为了泡妞。那姑娘最后突然发现，这个男人投资没投资，结婚没结婚，只是骗了她上床。

浪子泡妞的第二个技巧，叫作诚恳。

那些跑去夜店酒吧，到处泡妞、油嘴滑舌的算浪子吗？也算，可却是浪子的最低级段位。

高段位的浪子，泡的妞都是一流的，根本不屑被人到夜店勾搭，她们对于油腔滑调的人，是抱有极强的戒备心的。

所以，像栾平这样高段位的浪子，泡妞是有技巧的，他的一个重要技巧就是诚恳。

譬如他遇见一个美女，是国外一流名校留学回来的。如果别人泡妞的话，肯定是要尽力吹嘘自己有什么什么好，完全配得上对方云云。

但栾平恰好相反，他首先就是自我贬低，明白地说自己最后悔的就是没有出国留学，没有很高的学术背景，文化不够。

这些话一说，对方不仅有受吹捧的快感，而且还觉得栾平这个人很诚恳。

等到自我批评完，诚恳的定位有了之后，再开始说自己的好，可信度就会高很多。

栾平总结出了好几个让自己显得诚恳的方法，譬如说话的时候，要眼睛看着对方，说话速度不能太快，要缓慢而真诚地说。

再譬如，夸人的时候要有节制，夸得恰到好处而不要肆无忌惮，开玩笑要少，说话要真的多，假的少。

而最重要的是，当别人说话的时候，要多聆听，少插嘴，唯有你认真地听别人说，假装思考很久然后再回一句，这样说话的力量才够足，才会有足够的诚意。

栾平修炼到后期，已经变成了不管说什么话，哪怕他说要跟人分手，也会让别人慢慢听出诚恳来。所以他就像是小品里的大忽悠，坑完别人，照样还有人跟他说谢谢。

栾平的代表作就是，跟好几个姑娘分手后，那些前女友完全不讨厌他，反而还把他当好人，当美好的回忆，甚至有的人还愿意继续陪他上床。

浪子泡妞的第三个技巧，叫作忏悔。

我认识栾平的一个女学生，是学表演的，长得很甜美。有一次，她跑来问我，说如果遇见一个非常花心的男人，但对方现在特别后悔，想要改过自新，那么她是否应该帮他一把，把他从坑里拉出来。

我第一反应就是问，你是不是在和栾平谈恋爱。

结论果然是的。

我当时就劝这姑娘，千万不要相信一个浪子的任何忏悔，这只不过是他们泡妞的技巧而已。

但那姑娘不相信，结果是他们谈恋爱不到三个月，栾平又用同样的方法勾搭上了她的闺密。最后是恋爱没谈成，友情也破碎，姑娘伤心了至少两年。

像这种他在坑里求助，我要不要去拉他一把的事情，最后的结果几乎必然是你被他拉进坑里，然后他走了，只留你一个人在坑里哭泣。

很多时候，浪子在某个圈子里的名声已经很坏了，几乎所有姑娘都知道他不是好人，他泡了很多女人，上了很多人的床，所以大家都不愿意再让他得逞。

浪子应对的方法就是，用忏悔的技巧。

他对着想要追求的姑娘，完完全全地承认以前的自己是垃圾，是坏蛋，是不对的。虽然他经历了那么多的女人，但他的心还是空的，他没有找到那个可以装满他心的女人。

而在这个世界上，所有人只是路过他，并不愿意停下来，拉他一把。

所以，他就是这个世界上孤独的王子，坐在路边，看着有许多人经过，却依旧是孤独的。

当浪子说完这一段，用诚恳的目光看着姑娘，然后说，他现在已经为从前所做的一切忏悔了，他现在身处深渊谷底，只想有一个人拉他一把，而这个人，就是他一辈子会很用力很用力地保护的姑娘。

如果你是那个姑娘，你会不会被打动呢？

你会不会也想着他那么可怜，要不要去拉他一把，把他带离深渊呢？

如果你也有了这样的想法，那么抱歉，你也死定了。

五分钟鉴定男人

秒懂男人之一：浪子

最后来讲讲，浪子会不会变好这件事。

中国有一句古话，叫浪子回头金不换，讲的是从前的坏人，只要有心改好，就非常有价值，值得去珍惜。

现在很多姑娘，就爱拿这种话来套身边的男人，为浪子的回头增加借口。

栾平也有浪子回头的时候。

我之前在好几本书里都说了，就算再年富力强的浪子，也会有玩累的时候，而当他们玩累了，就会想着稳定，想着成家，想着结婚。

在那个节点和瞬间，这个想法是真的，并不带欺骗。

栾平玩了好多年，终于玩累了。他找了一个自己大学里的同事，是个教播音的姑娘，结了婚。

刚开始的时候，小两口日子确实过得很好。

栾平一改往常，再也不泡妞，不出去玩，晚上总是准时回家。不管和谁见面应酬，都会带上老婆。

如此两年的时间，日子过得是安稳至极。所有人都羡慕栾平的老婆，觉得她真是有手段，有运气，能够让浪子回头。

而栾平当时的表现，也真够得上“浪子回头金不换”这句话。

但到了第三年，一切都改变了。

栾平的老婆觉得现在生活稳定，老公也变好了，就决定生孩子。当她怀孕之后，出入不太方便，也不可能时时跟着栾平。

栾平就迅速地故态复萌了。

他又开始泡妞，又开始出入夜店，甚至会毫不顾忌地把手伸到老婆的班级里，去勾引刚入校的学生。

这件事最后闹得很大，栾平几乎要被学校开除。最后他只能乖乖回到家里，一边接点私活，一边照顾老婆孩子，似乎浪子又回头了一次。

但小孩还不到三岁，栾平又故态复萌地开始出轨，在外面勾三搭四。

这么周而复始好几次，栾平的老婆才终于明白什么是浪子回头金不换。

在回头的那个瞬间，确实是金不换。可是过了那个瞬间，人家还是可以浪回去的。

我一直在讲，浪子是一种周期性出轨的生物。他们当然是会回头、会稳定的，但只有在那个稳定的时期内才有效。

当他们厌倦了稳定后，就会飞快地再度出轨，而且强度和烈度并不会比从前差。

如果你想要接受一个浪子的回头，那么请你也同时做好他将来会飞走的准备。浪子就是一阵阵的波浪，他是会往回走的，但却是积蓄更大的力量往前拍啊！

你想要留住波浪，就只会被拍死在沙滩上。

Chapter 02

渣男

爱 上 渣 男 怎 么 破

五秒钟看懂男人
秒懂男人之二：渣男

特征：越是受所有女人欢迎的，就越有可能是渣男。但凡是渣男，不管他们外表有多么高富帅，有多金碧辉煌，他们的内心和想法永远是阴暗和狭隘的。

渣男会掠夺走你身上一切对他有用的东西，会吸干你的钱、青春、美色和人际关系。

渣男是毫无道德节操的，他们没有底线，只要自己想要，再渣的事情都能干出来。

渣男是很多变的，今天对你好，明天就会离开你。但有一点永远不会变，那就是渣男永远不可能变好。

爱情密码：爱上渣男不可怕，离不开渣男才可怕。所以，要学会戒掉。

真实的故事
秒懂男人之二：渣男

这一章我们要讲一下渣男。

很多姑娘以为，浪子已经算渣男了。我只想说，你们实在是太小看渣男的种类和渣的程度了。

浪子也好，花心也好，都只是渣的某一个方面而已，只能说刚刚达到了渣的门槛，却远远没有进入渣男的高段位。

前年开始，我有两年时间没有写书，只做了一件事，那就是开通了“陆琪牌吐槽”的微信栏目，广泛地接受姑娘们的情感求助。

在这两年里，我收到了数以十万计的来信和消息，其中大部分都是讲述自己的悲惨经历的。

很多人遇到的渣男，那是真正的渣。不仅是泡妞这种小事，而是摧毁了姑娘整个人生，甚至于生命的渣，是完全道德品质上的垃圾。

按理说，遇到这样的渣男，每个人都会避之不及，可惜的是，姑娘们却对这样的渣男趋之若鹜，甚至明知对方会害死自己，也始终离不开。

犹如飞蛾扑火。

我有一个读者，就在渣男身上浪费了整整十多年的时间。

这个姑娘沈兰，家住重庆，新闻系毕业。

重庆人以及去过重庆的人都知道，这是个特别生活化的城市，生活节奏不快，经济发展尚可，火锅又好吃，所以人们都不喜欢离开自己的城市。重庆人离开了本乡本土，就好像是丢了魂一样。

沈兰在大学毕业之后，通过家里的关系，在本地的平媒找到一份正式的记者工作。现在的平媒其实都很难进人，尤其是正式的编制几乎是不太可能，对外的口子都是硕士起的。

沈兰家里在重庆还颇有些关系，但帮她搞定这份工作已经很不容易了。

但问题是，沈兰自己的工作搞定了，她男朋友的工作却没什么着落。

沈兰的男朋友田野是她的校友，同一级毕业，不过是学法律的。他和沈兰是辩论社的队友。他在辩论社的时候，可以说是大杀四方，他们学校的辩论比赛就没有输过。

这人员设定看起来有点像《何以笙箫默》的感觉，可惜同人不同命，沈兰就没有遇上全世界最好男人的命。

沈兰是在大四和田野开始交往的。

田野是在大学里面超级受欢迎的那种男生，身边女朋友是一直不缺的。只是到大三的时候，临近大学毕业，田野没心思风花雪月了，只想赶紧搞定工作，这才和前女友分手。

而沈兰就恰如其分地出现了，刚巧的是，沈兰的舅舅，是重庆某知名律师事务所的副主任，在重庆律师行业多少有点地位。

沈兰就帮田野说了说，轻而易举地让田野进了重庆某知名律师事务所里实习。

这一下，田野就觉得沈兰家境好，人也聪明能干，开始各种追求。而沈兰本来就对田野暗恋许久，一来二去，两个人就正式确定了关系。

说实话，沈兰的家人对田野是很满意的。小伙子个子又高，读书又好，而且还是做律师这种赚钱多的行业。沈兰确实也不算太好看，能找到这么出色的男人，已经是很不错了。

只是田野家在东北，父母对他照顾不到，所以沈兰的父母倒是已经有了独立照顾小两口的心理准备。

两个人一毕业，一个进报社工作，一个进律所见习。沈兰的爹妈急匆匆地准备了个小套的房子，让两人住进去。他们想得也挺简单的，既然打算过日子，就先把这个男人圈住，不要让他给跑了。这就是重庆人直来直往的火辣性子，不带一点犹豫的。

事情原本进展得很顺利，沈兰成功入职后，单位效益很好，做本地新闻记者也做得很顺手，田野就真的打算在重庆落地生根了，准备过年把沈兰带回东北，正好跟父母商量明年结婚的事情。

但出现了一点小小的意外。

沈兰的舅舅因为过劳，突然脑出血，在床上一病不起了。这位重庆法律界排得上号的人物一倒，旗下的徒子徒孙们顿时作鸟兽散，各自另找靠山去了。

受到冲击最大的，其实还是田野，因为别的徒子徒孙都是功成名就的律师，最不济也是干了很多年的，不像他靠着关系才刚进律所见习。

而且更麻烦的是，这个重庆最大的律所正处于改制的关键阶段，要改成合伙人制度，高层得撕逼成什么样大家都懂的。一时之间，田野就完全成了“孤魂野鬼”，没人管他，只几个月时间，原本说好的转正、签约都作废，被人扫地出门。

好端端的工作没了，田野当然很愤怒，回家后和沈兰吵了好几次架，把自己失业的责任全部归咎到沈兰舅舅不靠谱的脑出血上面去。

而之后田野也不好好地找工作，整天在家里就是扮忧郁、扮愤怒，让沈兰伺候他。就在这时候，赶巧，沈兰被检查出怀孕了。

怀孕的时间这么寸，让田野整个人都炸了，他觉得沈兰完全是故意的，让他失业，然后再用孩子绑住他。

天可怜见，沈兰真的没有这种心机，无非就是所有事情挤在一起而已。沈家父母看到女儿怀孕，当下无二话，就要两个人结婚。

结婚的事情还没有开始准备呢，某一天，沈家人突然发现，田野跑了。

没错，他就是跑了，而且打包收拾了细软，带走了沈兰和他共有的存折，把小两口值钱的东西都带走了。

用我们的话说，那就是卷包逃跑了。

沈兰父母那个气啊，她爹都差一点脑出血晕过去。沈兰妈更是以泪洗面，关键不是丢钱的问题，而是丢人。女儿怀了孕，女婿却跑了，这要传出去，他们家可怎么在重庆做人哦。

沈兰也是完全傻了，她是最受打击的那个人，前一天还在考虑结婚买房装修的事情呢，后一天准新郎却突然不告而别。这应该算是抛妻弃子吧！

之后几天，大家乱得一塌糊涂。沈兰的父母甚至都想要报警，把这个小子给抓回来，可后来一打听，原来田野是悄悄地回到了自己的老家，而且已经在老家的一个律所上班了。

事情是这样的，田野在重庆找工作受挫之后，他东北老家的爹妈也是很着急，毕竟儿子出去读法律是一个长脸的大事情，现在毕业就失业那还了得？所以到处托亲朋好友，到处想办法，最后还真的搞定了一个律所，并且不是见习，而是直接签约当律师助理。

田野的老家虽然是东北的一个三线小城市，可到底是自己熟悉的地方，而且直接就有工作，他还能有什么不满意的，当然是准备要回去了。

就在那个时候，沈兰却告诉他自己怀孕了，田野顿时想到，如果女朋友怀孕，那他就被强行留在重庆，没可能回老家工作了。

思前想后，田野下定了决心，要和沈兰一刀两断，于是才会有不告而别、卷包逃跑的一幕。

了解到这个真相后，沈兰的爹妈简直气得昏倒，他们要求女儿和这个浑蛋分手，把孩子打掉。

可沈兰所想的刚好相反，她居然还挺能理解田野的，甚至觉得田野回老家的决定是对的。她根本割舍不掉田野，也舍不得肚子里的孩子。

所以沈兰决定，她要去东北找田野。

你看，这就是渣男的第一个特性：

当他们作出一个特别不负责任、特别渣的决定时，却会以弱者的身份展现，就好像他们是逼不得已才伤害了你，才放弃了你，到最后，你还得去同情他。

沈兰就成了那个被渣男伤害、却还同情他的女人，于是她就真的不顾父母的反对，千里迢迢地从重庆飞到了东北，去投奔她心目中的男人，孩子他爹。

田野倒是接了沈兰，但走进田野家门的时候，沈兰就深深感觉到了异样。

倒不是家境的情况，田野家条件一般，但总归是城里人，和父母住着一套两居室，也算过得去。

而是他爹妈的态度，根本就不是田野从前说的，很接受沈兰，同意结婚，把沈兰当成儿媳妇，反倒是眼神里充满了各种鄙视、各种不满意。

当时的沈兰还存有与情人见面的激动，没有感觉出来。后来她才知道，田野父母是因为她自己送上门来，追着男人跑，所以从一开始就各种看不起她。

但沈兰总觉得自己怀孕了，而且和田野有婚约，所以顺理成章地在他家住了下来。

住了不到一周的时间，田野就和沈兰摊牌了。

他借口说大家还年轻，要做事业，所以提出分手。

沈兰又怎么可能和他分手呢？当然是竭力挽回，甚至让田野自己提条件，不管他想要什么，沈兰都可以答应。

按说吧，如果田野这个时候决绝一点，把沈兰赶回家，可能也就不算特别渣了，因为到底还是放了人家一条生路。

但田野在那个时候，又好死不死地听沈兰说她舅舅病情有些好转，就又起了在法律界有后台的念头，所以就准备继续用沈兰一段时间。

田野向沈兰提出了继续在一起的几个条件，首先是要沈兰离开重庆，到东北小城来陪他；其次是必须和他爹妈住在一起，哪怕婚后也不能分居；最后是沈兰必须把孩子打掉，不能用孩子来拖累他的事业。

这种条件提出来，只要是个女人，估计都不可能接受，但沈兰居然接受了。

她大概是太爱田野了，明明知道对方有多渣，却是真的放不开手，所以隐瞒了这一切屈辱的条款，真的就应承下来了。

沈兰一个人跑去堕胎，甚至连堕胎的钱都是自己出的。田野说了他没钱，也不可能跟父母拿钱，沈兰只好用自己的生活费去做手术。

手术后，她在田家躺了三天，田野的爹妈就嫌弃她躺着不干活儿，开始想方设法地让沈兰做家务。

沈兰没办法，只好起床开始做事，没想到搬东西搬上搬下，竟然让自己的伤口大出血，被送到医院，差点儿连命都没了。

事情闹这么大，沈兰的爹妈肯定是飞过来，话也不多说什么，就把闺女拉回去。沈兰休养了整整半年时间，这才算恢复了元气。

沈兰身体一好，迅速又飞到了东北，想要和田野继续在一起。

为了田野，沈兰还辞掉了重庆报社的工作，专门去田野的城市找了个收入非常低微的工作。

其实那个时候，田野已经找了新女友，只不过这新女友家里的条件也不怎么样，而田野又遇到了一个新的难题。

他申请了美国一所非常著名的法学院，居然还给了他部分奖学金。这对于一个中国人来说，已经是非常了不起的事情了。

虽然美国的法律和国内的法律有所区别，但现在跨国企业这么多，国际法的运用这么广泛，田野只要是从美国知名法学院毕业，那前途就不是做一个小律师那么简单了，几百万年薪都是等闲视之的，何况还有可能留在美国的大律所呢。

这种机会，估计是个有野心的男人都不会放过吧！可惜的是，田野拿到的不是全奖，而法学院的学费之高昂，是令人发指的，虽然他还可以申请学费贷款，可至少也得准备几十万人民币的现金，每个月的开销也不会低于两万元人民币。

这笔钱，田野家没有，田野的新女友家更没有。

所以田野必须动用所有的资源，恰在这时，沈兰跑去投奔田野，要和他复合。

田野非常激动以及感恩地接纳了沈兰，两个人小别胜新婚地度过了好几晚，然后田野以悲痛欲绝的情绪，讲了自己遇到的困境。

在这种时候，沈兰还能说什么呢？她满心里都是对田野的爱，现在男人立刻就要有前途了，她真的是有荣耀感。所以不需要田野多说什么，她肯定是全部身家都往外拿。

但沈兰本身也是刚毕业的大学生，也没做什么赚钱的事情，能拿出几万元的现金，就算是很了不起的事情了。

可田野不够啊，他家里最多拿出十五万，七七八八都加上，再有沈兰的，也还有三十万人民币的缺口。

沈兰丝毫没有耽搁，第二天她就赶回了重庆老家，找爹妈求助。

说实在的，她家里条件不错，要说拿几十万出来，她爹妈也负担得起。可他爹妈对于田野是深恶痛绝的，又怎么可能帮忙呢？

沈兰痛哭流涕，千说万说，父母仍是无动于衷。

最后沈兰在父母的床头跪了一天一夜，几乎脱水昏过去，她母亲心疼到不行，一起帮她求父亲。

二老商量的结果就是，可以给沈兰三十万，但这就是给她的嫁妆了，以后她嫁人也好，恋爱也好，家里都不会再拿钱出来。

沈兰把钱转给田野后，男人一点儿都没耽搁，甚至都没顾上和沈兰见一面，就匆匆忙忙地飞美国办理入学去了。

沈兰在重庆的工作已经辞掉，所以只能一个人待在东北，去做一份很无聊并且很难养活自己的工作，平日里都是靠母亲的接济。

田野再次的联络，表现出了对沈兰极大的感恩和爱，这让沈兰还是觉得心里好受一点。田野向她保证，回国之后就会娶她。

沈兰终于觉得，自己所付出的一切、做的事情，都是值得的，因为爱才会付出，而只要有爱的回报，那这一切就都可以了。

但田野又遇到了新的困境。他在美国的学业非常忙碌，根本没有时间去打工。而生活费再加上其他的贷款偿还，每个月至少要几万元人民币。

田野家是不可能承受的，沈兰听到之后，咬牙承诺，她来搞定这笔钱，田野只要好好读书，照顾好自己就可以。

沈兰哪里弄一个月几万元的收入呢？爹妈摆明了已经不会再资助她，能给她点生活费，已经是她妈悄悄地塞私房钱了。

为了自己的情郎，为了两个人将来看似明媚的生活，沈兰豁出去了。

她再度辞职，告别东北，跑到了北京，去做了一个医药代表，具体来说，是卖假肢。

卖假肢！

沈兰从小生活在优越的家庭环境中，衣食无忧，没受过苦。上大学是进的新闻系，因为她喜欢新闻，并且有自己的新闻理想。大学毕业后，她虽然是托关系进的报社，可总归也是正式职员，拿着记者证的身份。

可现在，她为了自己的情郎，居然完全放弃了自己的理想、自己的前途，宁愿去做一个假肢推销员。

但这行，确实很挣钱。

沈兰在北京，穿梭在各个医院中，想方设法地讨好每个医生，然后会一个个地去看客户，帮客户试用假肢。她可以飞快地装卸，迅速地判断，见人说人话，见鬼说鬼话。

几年的时间，沈兰就像是完全变了一个人。

从前的她，是娇生惯养的千金小姐，可如今的她，为了任何一分钱都可以跟人说上半天的好话，极尽卑微谄媚。

沈兰确实赚了不少的钱，但除了自己的生活费之外，几乎每一分钱都寄给了田野。

她并不知道田野在美国过的是如何奢侈浮夸的日子，但就算知道，她也会觉得一切都没有问题，因为这是她心甘情愿的，她就是想让自己的男人过着人上人的生活。

整整三年时间，沈兰从一个刚毕业的小记者，变成了北京医药界众所皆知的金牌销售。她甚至成了假肢企业在北京个人身份的一级代理商。

终于，三年后，田野学业结束，他在美国的律所又待了几个月做实习，原本想要找机会留在美国，但他被美国激烈到非人的竞争给打垮了，于是乖乖地回国，正好北京一个国内顶级的律师事务所想要他，并且愿意两年内就给他初级合伙人的身份。

田野到了北京后，自然是和沈兰住在一起。刚开始的时候，都是沈兰养着他，两个人的关系自然也不会有什么问题，甚至于都在谈婚论嫁了。

沈兰打算买房子，田野就一定要把自己的名字写上去。虽然两个人没有结婚，可是写也就写了，沈兰丝毫不觉得有问题。

之后田野一会儿是自己要钱，一会儿又是家里人要钱，都是沈兰的开销。在北京又是两年的时间，其实都是沈兰养着田野。

终于，田野在律师事务所站稳了脚跟，他也成了初级合伙人，有了稳定的客户，收入越来越高，甚至超过了沈兰的收入。

田野对沈兰的态度，也越来越差。说真的，田野当上合伙人之后，就已经是实打实的钻石王老五了。他有在美国留学的经历，有律师的职业，有律师事务所的事业，不管放到哪里去，在哪个圈子里，那都是响当当的。

而沈兰呢？虽然还赚点钱吧，可说来说去，她就是个卖假肢的啊。

田野才不管沈兰为什么会成为卖假肢的，反正他就是觉得，沈兰现在已经配不上他了。

而且这个女人，已经快要三十岁了，年华不再。男人又是越老越值钱的，田野不管从哪个角度想，都不觉得两个人相配。

所以田野开始疏远沈兰，甚至于自己买了房子搬出去住。

沈兰也能感觉到田野的变化，不过她还是很相信，男人总是会有一点感恩之心的吧，自己付出了那么多，而且对方早就答应了年底结婚，又怎么可能反悔呢？

沈兰都已经把自己的婚讯通知了亲朋好友，也把田野新买的房子当作了自己的新房，甚至男人不让她去房间，都当成是男人要给她一个惊喜。

沈兰就在那边傻傻地等待着，痴痴地等着结婚那天的到来。

时间飞快，半年多时间很快过去，沈兰在筹备着自己的婚礼，但田野一直没有参与到这个事情上来。

直至快到年底，田野单位的一个姑娘突然打了个电话给沈兰，语焉不详，只是含糊地提醒了句，说，田野今天结婚，然后就挂断了电话。

沈兰当时愣住了。

沈兰下意识的第一个反应是，我老公要结婚，我这个做新娘的为什么不知道呢？难道是要给我一个意外惊喜？

她确实沉浸在突如其来的喜悦之中，但随着时间的推移，她的心越来越凉，越来越冷。

差不多花了十五分钟的时间，沈兰才从自己臆造的惊喜幻想里清醒过来。

没错啊，求婚有惊喜，表白有惊喜，哪里有给婚礼惊喜的?

哪一个婚礼，不需要新娘自己去策划、去组织、去制造呢？新娘自己难道不需要美美的吗？难道不需要买婚纱礼服吗？难道不需要给自己的亲戚朋友发请帖吗?

当想到自己根本就没有给亲戚朋友发请帖时，沈兰这才彻底清醒过来。

根本就没有婚礼。对于沈兰来说，她是不可能有一个婚礼的。但田野在结婚又是怎么回事呢?

沈兰各种琢磨不透，于是开始给田野的手机打电话，给田野家里打电话，却都关机没人接。再给田野家人打电话，也没人接。

沈兰没了办法，就开始找她和田野共同的朋友询问。毕竟这么多年了，她还是认识一些田野的同事和朋友的。

但奇怪的是，往日很客气的这群人，一个个都不接沈兰的电话。沈兰锲而不舍地一次次打，终于有几个人接了电话，不过还是支支吾吾地不肯对她说实话。

直至问到田野的一个女同事。对方实在是气不过，看沈兰可怜，才吐露真言。

事实是，田野真的在结婚，而且就在沈兰想要举行婚礼的酒店。而新娘不是沈兰，是另一个官二代姑娘。

田野的那些朋友，都在参加婚礼，但没有人敢告诉沈兰，甚至于大家都躲着沈兰，怕刺激到她。

沈兰不信，她怎么可能相信呢？挂掉电话，她呆呆地坐了有半个小时。

她脑子里，一直在反反复复地思索，在想她和田野之前度过的日子。虽然田野最近很少来，可也不是和她没有交流，甚至于三天前，田野和她还上过床。

沈兰实在不敢相信，之前还对她很好的男人，会突然和别人结婚。而且他们曾经是有婚约的，难道就这样不算数了吗？

沈兰最后决定，她要去现场看一看。但不知为什么，她全身发软，花了好大的力气，才穿上衣服开车出去。

到了那个酒店，沈兰遥遥地看了一眼，就见到新郎新娘的大幅结婚海报挂在那里。

沈兰一下子泪如雨下。

然后她也见到了田野带着新娘在那边迎宾。两个人看起来完全是夫妻样子，和谐默契。而来往的宾客也表现得很自然，仿佛早就知道他们是一对。

沈兰彻底崩溃了。她满脑子想着，站在那里的应该是她，站在那里的应该是她。

当她浑浑噩噩地开车回去的时候，根本就不晓得是在开什么车，后来等她醒来的时候，已经是三天之后，在医院里醒来。

看到爹娘满脸的眼泪，听他们的述说才知道，自己出了严重的车祸，几乎丧命，几经抢救，住了好几天的ICU，这才活回来。

而沈兰出事的这几天，田野居然完全没有搭理，甚至在知道沈兰撞车后，还跟没事人一样去度蜜月了。

沈兰的父亲高血压发作，之后也住了半个月的医院。沈兰看着母亲多了不知多少的白发，顿时号啕大哭。

但她的哭泣里，却依旧在说，舍不得，舍不得田野，舍不得感情，想要他回来。

五分钟鉴定男人
秒懂男人之二：渣男

田野，毫无疑问是个渣男。当你见识过这样的渣男，你就会明白，分手、劈腿什么的，根本就是小儿科。真正的渣男，是会害死人的，害死了人，他也不会有任何的内疚。

你懂吗？如果说浪子是没有心的话，那么渣男是黑心的，脏透的、发臭的心。

他们不只是会伤害人，而且还会故意去伤害人，为了能得到一点点的利益，恨不得把你榨干，把你的家人榨干，把你身边的一切资源都榨干。

如果从旁观者的角度来看，大家都能清晰地看到，这个男人有多渣。可是为什么在局中的人却丝毫感受不到，甚至还那么疯狂地爱着渣男，乃至于无怨无悔呢？

没错，这就是渣男的第一个特性：女人永远爱渣男。

有句大家都知道的话，叫男人不坏，女人不爱。在现实里，我们看到的也是这样。

可是，为什么呢？

渣男的坏，难道大家都不知道吗？当然知道，即使你感觉不到一个人有多坏，但至少能感觉到自己的痛苦吧。

女人就是在痛苦里依旧爱着渣男，原因有很多。

首先，要讲讲女人觉得什么样的男人有魅力。

是高富帅吗？是文艺男吗？

都不是，女人觉得最有魅力的男人，是她们完全无法掌控的那一种。

有的时候，是高高在上的偶像，有的时候，是自己的上司。

而渣男，恰恰是女人最无法掌控的那一种。

有时候你觉得你已经在掌握局势，但渣男会突然消失，或者突然劈腿，让你在没有任何准备的情况下受到打击。

渣男的第二个特性，也是他们最大的优势，那就是他们毫无道德节操。

当一个男人毫无道德节操的时候，就可以做任何事情。只要有利于他们自己，想干什么都可以。

所以，田野可以在女人怀孕时，一概地不管不顾，也可以在自己需要钱的时候，又利用女人，更可以在女人毫无利用价值的时候，再把她甩掉。

他们不仅仅是自私，更是坏。就算是自私的人，也不会去故意害人。但他们只要对自己有利，哪怕别人去死都无所谓。

这是很可怕的事情，因为绝大部分人的行为都是可控可预测的，是会在社会的规范里进行的。

用直白的话来说，别人都是有底线的，而渣男是毫无底线的。

渣男的第三个特性，是他们的多变性。

这也是女人爱渣男的重要原因。对于女人来说，老老实实、循规蹈矩的男人，其实是毫无魅力的，因为他们没有变化。

而渣男是变化最多的了，他们可以在上一秒对你爱得死去活来，又可以在下一秒和别人结婚。

甚至，他们可以在一天之内变脸好多次。

这样的男人，对女人来说，是有致命吸引力的，因为变化太多了。

当这个男人爱你的时候，你会感到温暖。而当你感到最温暖的时候，他又会突然变得冰冷。

哪个女人会甘心呢？自然是不甘心，要努力争取把男人给挽回啊。

你越是不甘心，就越离不开这个男人。

所以，许多渣男的身边，都有对他死活离不开的傻姑娘。

渣男的第四个特性，就是他们永远也不可能改变。

许多姑娘，在遇到渣男之后，总是抱着一种幻想，那就是他们迟早会改的，迟早会被自己的诚意和付出打动的。

但事实上，渣男是永远不可能改的。

因为当你付出得越多，对他越好的时候，渣男就会感觉到，他的渣，其实对自己是有好处的。而作为一个毫无底线的人，只要对他有好处，为什么不继续渣下去呢？

要想渣男改变，唯有一种方法，那就是他们能得到更大的好处。

但事实上，当男人越是坏的时候，女人就会对他们越好。

这一点，让男人可以肆无忌惮地去渣。

女人对渣男的好，其实是对他们的鼓励和纵容啊。

最后我们来讲一下，如何离开渣男。

其实我们这辈子，真的很难说完全不遇到渣男。人生那么长，谁会不遇见几个渣男呢？

所以遇到无所谓，但我们一定要懂得分辨渣男，以及学会离开渣男。

看完这一章，对于分辨渣男应该问题不大。

但怎么离开渣男，却变得很难。

就像我们之前所说的，男人越渣，女人就越不可能离开。

这件事情，就好像吸毒一样，明明知道吸毒是不好的，明明知道毒品是有害的，可就是没有办法戒断。

因为对渣男的依赖和对毒品的依赖一样，都是生理性的。

凡是生理性的依赖，都不会有自然而然的戒断和分别。在这个时候，你唯一能做的，就是调集自己所有的意志力，用强行的方式去戒断。

如果你发现自己爱上的，确实是个渣男，那么，你就要进行一系列的戒断工作。

首先，是掐断所有联络方式，不只是微信、微博和电话的拉黑，甚至于你们相同朋友的传话渠道都要掐断。因为渣男几乎必然会时不时地来联络你一下，而女人容易心软，被联络后，很容易重新复合。

其次，是要让自己忙起来。如果你不够忙，就满心想的都是对方。人的心一有空闲就容易胡想瞎想，而只有忙碌起来，你压根儿没时间多想，才会慢慢地遗忘。

最后，你一定要去结交新的异性。即使不是为了谈恋爱，也不是去约会，也可以经常找些男性来交往，一起吃饭或者看电影。当你身边有足够多的优秀男人时，就不会自怨自艾。而足足的自信心，恰恰是女人戒断男人的重点。

总而言之，渣男非常危险，时间越长，你就会陷得越深。

唯有戒断，才是出路。

Chapter 03

富二代

铁打的富二代，流水的小美女

五秒钟看懂男人
秒懂男人之三：富二代

特征：富二代都是非常会花钱，但实际上自己并没有钱。他们都是依附于家庭，从父母那边得到金钱。因为不需要奋斗，所以没有什么自己的理想和目标。

富二代们很难控制自己的婚姻，所以他们的生活就是各种泡妞，每个姑娘都是一时的新鲜感，过期了，就不再爱了。

爱情密码：不需要去纠结他们对你的感情，所谓的感情，只是对于美色的捕猎习性，以及对于无聊生活的打发时间。

当你被他们同化时，就等于被俘虏。不要轻易接近这个圈子，哪怕看起来很高端。

真实的故事
秒懂男人之三：富二代

这一章要讲的是富二代。

当然，事先要说明的是，这里讲的只是某一部分的富二代，或者说，是标志性比较强的那部分。

在富二代里，还是有相当一部分家教严格、自力更生、有梦想、有追求的。他们各自有事业，甚至成了颇具影响力的人。

这些没有承荫祖上利益的人，或许不能称为富二代，他们和祖辈一样，都是富一代。

而这里要讲的富二代，是那些躺在父辈的钱仓里，自己不事劳作，只顾吃喝玩乐、纸醉金迷，并没有什么事业和梦想追求的人。

研究这个课题，源自我拍摄过的一组杭州城中村的照片。所谓的城中村，就是原来的农村，每家每户都有自己的宅基地，造好了一幢幢的农民屋。后来城市扩大，农村变成了市中心，这些农民屋也成了市中心的小洋房。

既然变成市中心，那房子的租金就高得离谱，这里的农民就不再种地，而是以出租为生，一个月收入，多的居然有十几万。

我去拍这个城中村的时候，发现里面很多的小孩，高中甚至初中之后就不再上学，他们整日里就是打麻将啊，玩游戏啊，也不找工作，反正父母赚的钱，够他们一直吃喝玩乐的。

我问他们为什么要过这样的日子，他们回答我的话就是，因为他们是富二代。

只是城中村的子弟，就可以号称富二代不干活儿，那么，真正的富二代们又是怎样生活的？他们的感情又是怎样的呢？后来我们专门做了调查。

这个故事的女主角关眉，毫无疑问，必定是个好看的姑娘。关眉大学毕业后，在一家特别高端的房地产公司里当售楼小姐。

这种豪华住宅的房产公司，售楼小姐就一定要长得特别好看，而家里条件又相当一般的。

因为只有长得好看，才会对有钱男人产生吸引力，而只有家境一般，才会拼命地去巴结人赚钱。

所以这类公司的售楼小姐里，有些人的作风并不怎么好。关眉也都看在眼里。

关眉的家境确实很一般，她也想过上更好的生活，但要她靠出卖肉体来吸引人买房，这事儿是做不出来的。

所以开始的几个月，关眉的业绩特别差。当然，有不少大腹便便的老板流露出各种“只要你怎么样，我就怎么样”的意思。但都被关眉拒绝了。

关眉还以为自己在这行干不下去了，但美女就是有美女的机缘。

那天上班的时候，有一个长得又高又帅的小伙子走了进来。这个男人衣着新潮，头发打理得很时尚。他进来转了一圈，就看到了关眉，然后走过来，问了几句关于房子的事情。

问的虽然是房子，可一看这个人的心思就没有放在买房上，倒是一直盯着关眉上看下看。随便聊了几分钟后，他就开始打听关眉几点下班，要约她去吃饭。

像这种事情，以前倒也发生过，不过都是那种又胖又丑的老板，关眉当然不会考虑了。

但今天来邀约的，是个长得相当不错的帅小伙，那就有点不同了。

陪老板吃饭甚至于有什么交易，那叫出卖自己，而如果和帅小伙谈恋爱，那就是可以有感情了。

关眉本来还有些犹豫，但在同事的撺掇下，最后半推半就地答应了。

等到关眉下班，那男人就来接她吃饭。关眉是第一次坐上法拉利跑车。

以前她也经常看别人开着跑车来来去去，自己只有羡慕的份儿，没想到自己居然还有坐上跑车的时候。

那帅哥见她是第一次坐，于是干脆没那么着急去吃饭，而是打开了敞篷，带着她山上山下好好地逛了一圈。

风驰电掣中，关眉感觉整个灵魂都飞起来了。

帅哥带着关眉去吃饭的地方，是城内的一个高端会所。普通人是没可能进到这里来吃饭的，必须是一年交三十万会费才可以进。

关眉这辈子都没有见过这样的描金绘凤、金碧辉煌。很多沿途的摆设、名家的画和各种古董，经服务员一路介绍，让关眉觉得自己真的高端大气起来。

关眉出身小户人家，那是一把葱都要计较的主儿。她这辈子都没有坐过豪车，也没有见过如此的奢侈富贵。

帅哥点了一桌菜，叫了法国最顶尖的红酒。基本上每一道菜，都是全世界各地找来的食材，光服务员介绍就能说上五分钟。

关眉真没觉出有多么好吃，可就是这规格，已经让她醉了。

吃完饭，帅哥都不需要埋单，直接签单就好了。原来他在这儿预存了几十万。吃饭刷卡，对于这些人来说，已经是丢脸的事情了。

关眉一边吃饭一边听帅哥聊，才知道他是一个典型的富二代。

父亲是做水泵生意的，算是国内最大的供应商，家产有好几个亿。作为这样大佬的儿子，他也没啥兴趣接手土得掉渣的生意，所以每天就是吃喝玩乐。

饭后，帅哥把关眉带去了夜店。这儿还有一群和帅哥差不多的富二代，有自己的专属包厢。关眉看到各式各样的美女在这群富二代的身边，这里面有模特，有金融女，有歌手和演员。关眉突然发现，自己这身份和长相，真的不算是很出色的，只能说是勉强达到水准而已。

但那群男人对关眉倒是非常热情，还特地为她开了几万块钱的酒。这让其他姑娘都对关眉分外地嫉妒，也让关眉觉得很有面子。

这群富二代，聊天的话题都是买什么车啊、买什么表啊、买什么房子啊，以及谁家的父亲怎么了、谁家的爹妈赚了多少钱之类的。

这些话题关眉都插不上嘴，别人也没打算让她插嘴。那帅哥很自然地把她搂在怀里，关眉竟然生不出抗拒的念头。

玩到半夜，大家都喝得有点多，帅哥直接把关眉带回了自己的别墅。见到那巨大而豪华的别墅，关眉感觉到自己的人生仿佛开启了一扇新的大门，而她就是进入了这扇大门，开启了自己的未来。

当晚，帅哥就把关眉变成了自己的人。

之后的几天，帅哥把关眉照顾得很好，给她买了人生第一个香奈儿，买了卡地亚，买了很多很多的奢侈品。

关眉拥有了差不多几十万元的好东西，帅哥还帮她租了新的房子，一下子就付了三年的租金。

关眉的同事都特别羡慕她，觉得关眉找到了人生中最好的机会。

但关眉深深地知道是怎么回事。那帅哥，第一晚睡完她之后，就明确告诉她，两个人是不可能结婚，也不可能谈恋爱的，无非就是男欢女爱，可以在一起，却不会有将来。

关眉当时确实很伤心，可是很快，她就被那些奢侈品和全新的奢侈生活给打败了。

确实，作为普通的姑娘，大概很少有人会和这样的诱惑为敌，毕竟男人是帅气的，圈子是高大上的，而金钱和奢侈品更是像流水一样的。

关眉付出了什么呢？什么都没有，她就是付出了青春、身体和时间，但她觉得，自己的生活已经完全改变了。从前她是小户人家，生活在社会的底层。而现在呢？她可以随时随地给家里十几万，自己身边的一切，更是梦幻般的豪华。

关眉一点儿都不恨那个帅哥，甚至还很感激他。

大概几个月后，那个帅哥就对关眉有点儿腻了，他继续去猎艳新的姑娘，但关眉也没有离开这个圈子，无非就是换了一个富二代，继续谈恋爱而已。

关眉在这个富二代的圈子里待了有六年左右，换了七个男人，而她作为这个圈子里比较资深的美女，也看到了许多的内幕。

这个城市的富二代圈子，基本是固定的，大概分成几拨人，因为相互有矛盾，所以圈子和圈子是不来往的。

这些人基本上都是超级无聊的，因为不需要工作，也不用做什么重要的事情，所以他们日常就是各种各样的玩，有玩车的，有玩音乐的，有玩收藏的。而大部分人的共同点就是，玩女人。

旁人很难想象这个圈子对于美女的消耗量有多大，基本上一个姑娘被某个富二代消耗掉，也就几个月的时间。当然，这个姑娘可以选择留在这个圈子里，成为大多数男人共同的消耗品。但相当多的姑娘是抱着恋爱的心态进来的，被男人抛弃后，就会黯然离开，自然也就成了消失的那部分。

正因为如此大的消耗量，让富二代们有了一个非常耗费时间的娱乐活动，那就是泡妞。他们会在传媒、艺校每年的新生季，开着豪车去学校，一个个地看新进入的姑娘，然后再约她们出来玩。

不在这个圈子里的人，大概很难想象，这种约姑娘的成功率有多高，不说百分之百，至少也有百分之九十。

尤其对于学生来说，被开着豪车的帅小伙约会，根本就是件很荣耀的事情。而且那些艺术类学校的姑娘，对于开拓人脉有一种异乎寻常的执着。

现在有进入这种高端圈子的机会，自然不会放过。而且看起来，这个圈子的人也没有什么太大的问题。

富二代们大部分都不会特别丑，脑满肠肥的自然有，却是少数，大部分人都是追求潮流时尚的，打扮好了相当看得过去，不少更是小鲜肉级别的帅哥。

而且他们看起来很有钱，至少是敢花钱的，尤其是刷卡的时候，眼睛根本都不会眨，几万十几万的酒、上百万的车，都是说买就买的。

在这个圈子里，有个经典的例子。据说一个著名女演员路过此城，一群富二代设宴迎接。欢宴过半，女演员透过窗户，看到对面一幢摩天大楼分外打眼，而且据说上面的公寓可以看到全城的景色，女演员就随手一指，说了句，那套房真不错呢！

第二天，某富二代就把钥匙送到了女演员的手上，上千万的房子，说送就送了。

五分钟鉴定男人
秒懂男人之三：富二代

富二代是怎样的一个物种呢？

其实他们的成因很简单，父母做生意发达了，家里有钱了，以至于下一代不需要吃很多苦，也不需要花精力去做事情。

这时候，就会有不同的分化了。如果父母把管教小孩当成比事业更重要的事情，那么下一代很可能会变得很勤奋努力，未来超越父母都未曾可知。

但大部分的父母，却把事业和赚钱当作第一要务，那样难免会对子女疏于管教。

而当父母没有时间陪子女时，他们能做出的第一补偿就是给钱。

这就养成了相当一部分人的骄纵和奢靡。

富二代的第一个特性：

他们都很会花钱，但其实自己并没有钱。

如果你初见富二代，会发现他们超级有钱。就如同上文中所说的，不管买什么，只要是刷卡，就出手豪阔。

他们是世界上最会花钱的一群人，但实际上，他们并没有钱。

因为这些吃喝玩乐的富二代，并没有自己的事业，也就是说，他们本身是不赚钱的，也没有其他来钱的渠道。他们金钱的来源就是父母，相当一部分的情况，就是来自几张卡而已。

所以，不要被富二代的出手豪阔给骗了，真要他们拿现金，他们还不一定能拿出多少来，无非就是可以刷爹娘的卡，又不需要自己赚钱，当然对金钱没什么概念，所以肆无忌惮地花钱而已。

真正有钱并且靠自己赚钱的人，其实花钱都是有节制的，因为他们知道赚钱是件很难的事情，需要付出很多的努力。

千万不要以花钱的豪迈来判断一个人有钱没钱。豪迈的，往往花的是别人的钱。

富二代的第二个特性：
用金钱和家世背景来衡量人的价值。

这是富二代圈子一个非常显著的特性，那就是在评价一个人的时候，总是用他家里人是谁，爹妈开什么公司，开什么车，家里有多少钱来衡量。

很少有哪个圈子，会以这样物质的标准来衡量。但在富二代的群体里面，物质是衡量一个人在圈内等级的唯一标准。

家里势力强大的、钱够多的、花钱豪迈的，就是等级高的人，就会有更多的话语权，就会有更多的妞喜欢。

这种衡量方式简单粗暴，但可以让圈内所有人都理解。

如果你进入一个富二代的圈子，就很容易被他们的价值观带跑，从此之后都会用相应的物质和金钱方式来评价事情。

这就是用金钱来打乱你的价值观。当你的价值观被这个圈子的人同化之后，你就不会觉得他们有问题，只会觉得这是理所当然的。

每个人的价值观，都会受他所处圈子的影响。所以价值观无所谓好坏和对错，只是每个人认识的不同而已。

如果你进入富二代这个圈子，基本上就会被他们同化，很可能会迷失自己曾经的价值观。

而当你形成金钱价值观后，又会深深地迷恋他们。

因为富二代们就是最有钱的啊，用他们最擅长的事情来做价值观的衡量，自然就让他们成为圈中之王了。

富二代的第三个特性：
铁打的富二代，流水的小美女。

富二代们经常以谈恋爱为借口泡妞，但真的谈恋爱，他们其实并不会。因为富二代们没有自己赚钱的能力，需要依附于家庭，这导致相当一部分人是没办法摆脱家庭的，而他们的婚姻，也必然成为家庭结盟的工具。

所以，富二代的家庭，一般都会为他们选择婚姻的对象，有相应层级的商人，也有部分的官员，基本上，都是需要对家庭产生一定作用的。

既然婚姻是没有办法做主的，那他们唯一可以做的事情，也就是泡妞了。

富二代群体，对于美女的消耗是非常惊人的。一般正常情况下，每个姑娘对于单个人的消耗期是半年左右，除非这个姑娘铁定了混进圈子，不在乎在圈子里多换几个男人。大部分都是半年淘汰一批，然后更新一批。

这就是铁打的富二代，流水的小美女。一般每个富二代圈子都是核心人员稳定，每个人都有相当的家世背景，可以融入圈子文化。而其他姑娘，都不过是陪衬，或者是某一个时间段的焦点而已。

你若以为自己可以俘虏某个人，那就错了。每个姑娘，都有一个新鲜值，在新鲜值之内，整个圈子都会围绕着你打转，很多钱都会为你而花，所有人的目光都为你打转，所有人的话题都是你。

可一旦过了这个新鲜期，那么你就只能靠边站了。如果你有足够的恒心和毅力，那么可以留在圈中，但只能看着男人围着新鲜的姑娘打转。

所以，这个圈子，是非常折磨和消耗姑娘信心的。从天堂到地狱，也就几个月的时间。而当你的自信心被消耗殆尽后，要么离开，要么成为这个圈子的附庸，呼之即来，挥之即去。

就是如此而已。

富二代的第四个特性：
他们都没有自己的梦想和追求，唯有醉生梦死而已。

这是富二代和高富帅的一个典型的差别。

所谓的高富帅，是有自己的目标，有自己的事业，有自己的追求。在这个奋斗的过程中，他们赢了，从而拥有了金钱和地位。

而富二代的金钱和地位，则是依附于家庭的，他们不需要自己的努力，照样可以获得很多的金钱和地位。这就让富二代们失去了前进的动力，也失去了人生的目标。

所以你会发现，这个圈子里的人，最多的话题就是吃喝玩乐，就是纸醉金迷，他们不会去关心世界大事，也不会去关心金融动向，他们唯一需要关心的，就是今天开什么车和把什么妞泡了。

如果姑娘觉得这样的生活是正常的，或者是好的，那么也无所谓。

但通常情况下，我们是非常难接受一个男人，竟然会对生活毫无目标，毫无追求。

记得前几年，南京一个富二代曝出杀妻的案件，或许我们很难知道其中的内情。但毫无疑问的是，这个群体的人，是非常脆弱的，是难以承受生活的压力，或者一点点挫折的。

这是一件很致命的事情。因为某个人没有追求过事业，没有好好地过过自己的人生，那么他就没有遇到过挫折。而没有经历过挫折教育的人，其实是非常脆弱的。

当你跟他发生任何争吵的时候，都有可能带来特别严重的后果。

Chapter 04

高富帅

抓 住 高 富 帅 的 几 个 小 秘 密

五秒钟看懂男人

秒懂男人之四：高富帅

特征：每个高富帅都会有自己的事业，有自己擅长的事情。他们不管出身富贵还是贫寒，都有靠自己努力和才华赚钱做事业的经历。

换句话说，每个高富帅都是某方面的专业高手。而且高富帅一般外形很好，品位和家教也好，和土大款有本质的区别。

爱情密码：高富帅身边不缺姑娘，但他们有比较高的审美。他们谈恋爱，却精心选择妻子。大部分的高富帅，都希望能找到真正配得上自己的女人。

而这个女人，除了美丽之外，更重要的是，精神上的独立。

真实的故事

秒懂男人之四：高富帅

之前讲了富二代，已经明确提到，富二代和高富帅是完全不同的。

但许多人，总是把这两者之间的界限模糊，所以要开一章，专门讲讲高富帅是怎样的。

因为身处环境和圈子的问题，我遇到的高富帅，其实是蛮多的，差不多各种类型、各种性格的都有。今天我们讲一个比较沉稳木讷的类型。

这个人呢，是个研究员。所谓研究员，就是在某实验室或者某个大学里做研究的，如果研究出一定的成果，写出什么论文，就可以算是科学家了。

这个研究员，名叫小诺。

小诺家里面，算是相当富贵的。在某个大城市里，父亲是政府高官，而且在学术界相当有名望，那真的是书香门第，又是官二代。

一般官二代，做个生意，开个公司，赚点钱就好了。

但小诺偏偏不同，他是一头扎进了学术界，从小读书成绩就非常好，后来留学国外，欧洲马普实验室想要留他，他拒绝后回了国。

回国后，他在某大学学术研究院里待了一年，带的课题引起了相当大的反响，被认为能让大学的学术水准提升一个层级。

但就是因为太出色了，小诺被许多人嫉妒。学术界里也和官场差不多，有各种排挤、各种站队。小诺只想自己做事，从来不爱参与这种糊糊事儿，当别人惹到他的时候，根本懒得搬出家里人来，干脆就辞职了。

辞职后，小诺找了几个同学，开了个公司。没错，他的一部分研究成果还是现在的高端技术，有相当的应用价值。

小诺虽然想靠自己的实力，不想靠家里的背景，但他就是生活在这样的一个群体和圈子里，做什么事情都有专门的关系候着他。

公司才开起来，立刻就有不少垄断企业找上门来，要做长期的技术授权。小诺轻轻松松就把业务给做了起来，钱像流水似的滚进来。

小诺本来就不差钱，现在更有了赚钱的手段，顿时就对做生意这件事情没了兴趣，干脆就把公司交给朋友管，自己搞了个研究室，继续做研究去了。

千万别以为小诺是那种技术宅，虽然他很技术也很宅，但实际上，他很爱玩，也爱旅行。在大学几年中，几乎周游了大半个世界。

他长得又高又帅，出入的都是高档场所。而且他平时用的、吃的、喝的，都是常人难以企及的。并非是他追求奢侈品，这就是小诺寻常的生活而已。

作为这样一个人，自然有许多姑娘喜欢。

小诺年纪还不到三十岁，可已经有过两位数的前女友。这还是因为他够宅，也不愿意去主动追求人的结果，那都是人家姑娘倒追的他啊！

虽然女友换得也算勤，但前女友们倒是个个夸他，说小诺是最好的男朋友类型。

他为人正派，也不出去吃喝嫖赌，出手大方，基本看上什么就可以买什么，完全不需要考虑价格和价值的问题。他有自己的追求和爱好，愿意为一个研究项目而分外投入，不会像富二代一样醉生梦死。

更何况还是高富帅，带出去绝对有面子，家里又有用人又有司机，基本上什么事儿都不用姑娘做；为人虽然不是特别浪漫，但有电脑一般的记忆力，绝对不会忘记任何纪念日。

如果说小诺有缺点，那就是在感情上不定性。

但这件事情，已经不是人力可以改变的了。像小诺这种典型的高富帅，不管丢哪儿，都是一等一的梦幻人物，身边永远围满了各式各样的姑娘。

说句不谦虚的话，他只需要勾勾手指，任何姑娘都会来到他的身边。就算不勾手指，见到他的姑娘，也鲜有不动心的。

模特身材、明星外表、几亿身家、贵族世家，这样的小诺，又怎么会被某个女人给吃住呢？

所以他都是因为新鲜感而开始和姑娘交往，当新鲜感过去之后，又顿时失去了和人交往的理由，所以他只能选择分手。小诺觉得，不爱一个人，而和她在一起是不道德的，虽然许多姑娘宁愿他这样不道德。

小诺毕业后，花了整整十年的时间来交各种女朋友。许多人是非常出色的。这其中漂亮的有演员，有歌手，有舞者；聪明的有律师，有学者，甚至还有好几个外国女子，都是出身豪门大族。

但这些人，都没有成为小诺的归宿，反而把他的眼光和口味越养越高。到最后，小诺发现，虽然身边追求他的姑娘很多，但能入眼的越来越少，能让他动心的更是少之又少，他似乎已经找不到一个他可以爱上的人了。

小诺过了三十五岁还没有结婚，父母都开始着急，告诉他，如果两年内再不能娶妻生子的话，那他们就要插手，完成一个家族联姻了。

无奈之下，小诺只好把自己更多的时间放在找老婆这件事情上。

没错，你别看高富帅身边有如此多的姑娘，有过那么多的前女友，但他们照样是讨不到老婆的。

所以能不能结婚这件事情，和自身条件关系真的不太大，最重要的还是看你的择偶底线有多高。底线太高的人，多么好的条件都照样会有困难。

小诺开始了全球到处飞的择偶之旅，朋友们都嘲笑他是选妃。但本质上，他就是到处相亲而已。

别人给他介绍的姑娘确实很多，素质也的确很高，但小诺偏偏就是选不中。

小诺悻悻地回到了家。他确实已经灰心了，觉得自己这辈子大概也就是被家里安排婚事的命了。

但事情往往在山穷水尽的时候，才会有柳暗花明。

那天，小诺跑去银行转账。转账的数额有点高，有一千多万，必须在银行办手续。

以小诺的身家，当然是有专门的贵宾厅，有专人给他办的，可那天贵宾厅的设备坏了，整个厅都封了，所以小诺只能在大厅里办理，经理让他插了个队。

大厅里人们都排着大长队，看到经理带小诺插队，大家伙儿都很不高兴，嘴上就念念叨叨的。但小诺开口就是办理一千多万的私人转账，大厅里顿时鸦雀无声，所有人都被镇住了。

就在人们都各自低头、不敢多管闲事的时候，一个姑娘却大咧咧地站出来，让小诺到后面排队去。

经理出面解释，说人家办的是大业务云云。

姑娘毫不妥协，说钱多又怎么样，有钱就去贵宾厅，而不在贵宾厅，就要遵守大厅的纪律。既然所有人都在排队，那就不应该分出三六九等，这不是有钱就可以让自己高贵的，因为这不是在高贵的场合。

姑娘的话，大家都纷纷赞同。小诺想了想，倒是很不介意地排在了队伍的尾巴上。

没错，高富帅的家教其实一般都挺好，他们并不需要通过特殊的地位和服务来彰显自己的存在。换句话说，他们的自信心已经足够了，什么都不需要顾忌。

这其实是件很小的事情，事情过去也就没人记得了。

但小诺不知怎么，竟牢牢记住了那个姑娘。没错，在被那姑娘怒斥的一瞬间，小诺居然有了被击中的感觉。

但并不是谁骂他，他就会爱上谁，那不是贱骨头吗？

小诺对那姑娘一见钟情，是有几个原因的。

首先，那个姑娘很好看，非常好看。男人对于姑娘的外表评价是有不同种类的——觉得一个女人性感，那就是可以睡而不可以娶；说一个女人端庄，那就是可以娶，但并不很想睡；而觉得一个女人美丽，通常是这个女人长得不怎么样但心地善良。

只有觉得那个姑娘非常非常好看，才是真正完全吸引到他的。

这姑娘并不是那种特别艳丽的，也不是光彩照人的，而是如邻家女孩般的，各个方面都美，但没有丝毫的攻击性，让人觉着怎么看都很舒服。

其次，这个姑娘对他没有丝毫的敬畏之心。

高富帅日常遇到最多的态度和情绪是什么？那就是敬畏之心。

有些人敬畏他们的财富，有些人敬畏他们的权力，有些人敬畏他们的帅气，有些人敬畏他们的高学历。

总而言之，身边的那些女人，多多少少都会有些敬畏的态度。而这种敬畏的点，就是女人爱上他们的原因。

高富帅平时遇到的爱情，都是不具备平等性的。就好像粉丝对于偶像的爱，那是女人爱的点，也是她们的需求点。

而这恰恰是小诺最讨厌的，他想要的是一种平等的感情，是一种对方根本不鸟他，也不管他有什么，纯粹就是爱他的才华和本质。

最后，小诺发现这个姑娘非常有逻辑性，不是像别人一样，只是凭借一时的情绪发作，而是根据规则，根据当时的情况，一条条地把理由说得很清楚，简直就是有理有据，无可辩驳。

作为高学历的高富帅，在西方最为逻辑严密的学府里读过书，他对于许多姑娘最大的抱怨就是无厘头、毫无逻辑，只凭借着自己的情绪来生活。

有了这三点原因，小诺隐隐感觉到，自己可能是找到那个人了。所以他要想尽办法找到这位姑娘。

作为高富帅的最大好处，就是拥有许许多多的资源。他通过银行，轻而易举地找到了姑娘的资料和联系方法。

这姑娘叫小闻，是一个漫画家。

漫画家这职业怎么说呢，国内最顶尖的漫画家，收入是很高的，不是还有个漫画家富豪榜嘛！而最底层的一些漫画画手，收入是极低的，靠着别人刊用几百块一张的画活着。而中间那个层级的漫画家，算是有稳定的收入，他们不会暴富，但比一般工薪阶层收入多一些，而且时间自由，能够做自己的事情，画自己的画，是最自在的一群人。

小闻就是其中之一。

小诺调查出来，小闻画了五六年，作品有网络和杂志的连载，每月收入一万多，自己买了个小房子，也买了个小车子，很独立自主。

小诺开始追求人家。这姑娘倒也不矫情，接触了一段时间之后，觉得小诺的确是个顶尖的男人，也接受了对方。

谈恋爱后，姑娘的生活也没啥太大的改变，还是住在自己的小房子里，开着自己的小车，偶尔约个小会吃个饭啥的，从来不跟男人要什么大东西，有时候小诺送点品牌包还要被说用不上。

把姑娘带回家，她对老人都很客气，但也没有上赶着巴结的意思，还是正正常常的，就如同之前所说的，她的心中，对于权力和金钱，并没有什么敬畏感。

没多久，小诺和小闻就结婚了。小诺之前所有的女朋友都大跌眼镜。她们觉得小闻出身不怎么样，长得也不甚艳丽，为啥最终是她呢？

这件事情，就要从秒懂高富帅开始说起了。

五分钟鉴定男人

秒懂男人之四：高富帅

高富帅的第一个特性：

他们出身一般都很好，受过良好的教育，但又不是在父母辈的金山银山上吃喝。大部分的高富帅都有自己的事业和追求，甚至他们做得还比寻常人更好一些。

如果把高富帅和富二代做对比，会发现他们有本质上的不同点。富二代是什么都不想做，只想享受；高富帅可能也会享受，但他们往往是某一方面的佼佼者，通过自己的努力奋斗，得到物质享受。

如果一个人的物质享受来得过于容易，并且不需要付出任何努力的话，最后你能得到的愉悦感总是不足的。

就好像你逛街逛得累了，买回来东西，愉悦感是满满的。但丝毫没有付出努力，轻而易举得到别人送的东西，总感觉没那么多愉悦感。

高富帅们付出了相应的努力，在某个事业当中具有一定的地位。所以他们最后获得的满足感最为强烈，而且极其有自信。

富二代的自信是建立在有钱上，而高富帅的自信是建立在钱是自己赚来的这个基础上。

高富帅的第二个特性：
他们喜欢美女，而且有非常高的审美。

要和高富帅谈恋爱，长得好看是基础。

没错，不要觉得这很俗，这根本就是人性。

男人的爱情基础，就是欲望，而欲望是和美色挂钩的。

基本上每个高富帅的条件都很好，也就是说，他们绝对不缺女人。

我的一个朋友曾说过：高富帅的象征，就是女人在他面前再也不值钱了。

在各种不缺女人的状态下，高富帅的选择实在太多，美丽的姑娘也是一抓一大把，自然就不会看上之外的人。

所以高富帅的心目中，有一条审美的底线。

超过了这条审美底线的姑娘，是他们可以或者愿意交往的，没有过这条底线的，则是丝毫不会考虑。

所以，很多姑娘总是在做灰姑娘遇到王子的梦。

这样的故事会发生吗？当然会。可前提是，辛德瑞拉本身是漂亮的。

否则的话，王子也只是路过而已。

高富帅的第三个特性：
他们喜欢美女，但只会爱上独特的美女。

高富帅们几乎拥有了一切：金钱、权力、人际关系、社会地位和女人。

而拥有那么多的人，最讨厌的是什么？那就是重复。

这个时代，美女其实已经很多了。都说美女经济，导致许多姑娘认为，只要长着好皮囊，就指着这张脸吃饭了。

这当然是错的。

因为只有外表，甚至是靠整容来捯饬外表，只会让这种美色越来越趋于同化。

所以，当你看到一个这种类型的姑娘时，会觉得非常好看。而当你遇到一群这种类型的姑娘时，会觉得每个人都是长一个模样的。

所以，部分高富帅对于锥子脸大眼睛的美女有脸盲。不是鉴别能力上出了什么问题，而是实在见过太多这个类型，再也难以分出来谁是谁了。

只有跟别人的美丽不重叠，有自己独到之处的外表，才会被牢牢地记住。

许多姑娘，总觉得自己脸上这儿也不好，那儿也不好，想要去模仿别人，动个手术整容。

其实这些与众不同，恰恰是你的独特之处。不要在意脸上有缺陷，缺陷才是一个人外貌的性格。完全相同的美，那就是同一张脸。

要让自己美得与众不同，才会引人注目。

高富帅的第四个特性：

他们喜欢不在乎他们的人。

这一点，粗看有些“犯贱”。

但事实上，是有正常的心理逻辑的。

普通人，如果没有任何精神上的追求的话，只要找美女就好了。反正只是看外表，什么样的美女都可以。

但大部分的高富帅，是有精神追求的。他们喜欢与众不同的姑娘，最讨厌重复。

而身边的人，最大的重复是什么？是敬畏他们，是害怕他们，是对他们有所需求，甚至是贪图一点儿什么的女人。

对于这样的女人，高富帅只有露水姻缘的兴趣，而绝没有娶回家的兴趣。

真正能让他们动心、想过一辈子的姑娘，绝对是从骨子里面不怎么在乎高富帅的条件和身份，也不怎么害怕他们会离开的这类。

女人最大的价值，就是根本不在乎男人的离开。因为他们离开之后，这个女人并不会变得更差，甚至会变得更好。那这个女人，才是独立的。

而恰恰是这种不害怕高富帅的女人，才能得到他们的青睐和敬畏。

所以，要想做一个高富帅的妻子，首先请让自己变成高傲的公主。

Chapter 05

文艺男

泡 妞 之 神 文 艺 男

五秒钟看懂男人

秒懂男人之五：文艺男

特征：最大的两个特征是爱秀才华，以及爱晒孤独。打开他们的微博、微信、朋友圈，基本上都是这两类。

有什么才华就秀什么才华，配合自拍的就一定是孤独的文字。

文艺男青年的生活，容易让女孩们羡慕和向往。而他们在深夜表现出来的样子，又容易让姑娘们同情和怜惜。

但所有的一切都是伪装。大部分文艺男青年都是穷而苦逼的。他们不仅穷而苦逼，而且还花心乱泡妞。不仅穷而苦逼、花心乱泡妞，绝大部分还丑。

爱情密码：和文艺男青年玩玩可以，要想嫁，就等他们踏踏实实学会过日子了再说吧。

真实的故事

秒懂男人之五：文艺男

之前有过一个案例，说的是上海某个做培训的公司。

这个培训公司是以日语培训为主的，公司里女性极多，男性数量偏少。

而在公司里最受女孩欢迎的，不是老板，也不是主管总监，而是一个三十岁左右的男性员工。

有这个公司的内部消息告诉我，说这个男性普通员工，至少睡了公司一半的年轻姑娘。

虽然这个公司不大，但也有五十多个年轻女人，也就是说，这名男子，睡过二十多个女同事。

这简直是骇人听闻的事情了。

男人泡妞是常见的，号称十人斩百人斩的倒也不是没有听说过。可专门泡自己的同事，在小圈子里把姑娘睡遍的，那就不能以渣来形容了，那根本就是神渣。

因为女人都是讲情感的，自己的闺密也好，朋友也好，睡过的男人，一般情况下都会敬而远之（少数爱抢闺密男友的除外吧）。

遇见了这样的神物，我实在没办法不去采访一下。所以当时找了这个公司里的两个姑娘，想从不同视角了解一下这个神渣。

神渣名叫李派，身高一米七，不属于英俊的类型，甚至长得还有点儿矬。

李派到三十岁还没有结婚，不是找不到姑娘，而是睡了太多的姑娘，从而不想被一段长久的关系给捆绑住。

李派并非是大家所想的那种会泡妞的男人，他整日里都是一副特立独行、独来独往、满怀愁绪的样子。

人家很少看到他泡妞。和别的男人不同，李派几乎不去酒吧，不去夜总会，不猎艳，更不花钱找姑娘。

按李派自己吹嘘的话来说，向来都是姑娘给他花钱，姑娘疯狂地追他的。

事实上确实如此，李派身边永远不缺少追求者，虽然在公司里，他的职务不高，赚得不多，也不够帅气，但从来不缺姑娘。

为什么呢？我问了那两个姑娘，两个人的答案不尽相同，但总结起来，就是以下几条。

首先，李派是个特立独行的人。所谓的特立独行，就是说别人不说的话，做别人不做的事情，不随大流，感觉自己有自己的想法，和别人不同。

对于姑娘而言，不同，就是一个非常重要的恋爱点。

试想一下，两个男人，一个和普通人一样，随大流，而另一个和大流格格不入，和所有人都不同。

谁更有魅力呢?

当然是那个不同的男人啊!

因为对女人来说，与众不同的那个人，就是一种魅力的象征。

虽然这种不同，不一定是比别人更好，也不一定是更适合在社会上生存，但你能爱上的，必然是与众不同的。

李派的与众不同，就是一种文艺男青年的方式。打个比方，在公司开年会的时候，几乎所有男人都大呼小叫，喝酒、撒泼、打滚、卖萌。只有李派一个人在角落里，独自喝着一小壶清酒，冷峻地看着喧嚣的场面。

在领导看来，这是破坏公司文化和气氛，可对于姑娘们来说，简直就是太特别了。

再譬如说，放年假出去玩，别的男人都去香港去东南亚，李派却不一样，他自个儿背着包跑去尼泊尔玩徒步。

这种另类，对姑娘有致命的吸引力。

其次，李派总是给人以有才的感觉。

何为有才? 每个人的理解是不同的，老板和下属的看法也是不同的。对老板而言，一个人能把工作做好，能有好想法、好点子就是有才。

可李派从来都没有正经干活儿的才能，他的特长是拍照、写诗和唱歌。

男人会拍照，就可以把身边的小情趣、小精致做成打动人心的图片，然后发在朋友圈和微博上，再配上自己写的小诗，虽然很酸，但还是打动人心的。

并不是每个姑娘都吃文艺这一套，可就算不文艺的姑娘觉得写诗、拍照酸死人了，也并不妨碍她们偶尔也会被打动。

所以，全公司的女孩都觉得李派就是那个最有才的人，不管他干活儿如何，姑娘们至少有一句话，说李派是最懂得生活的人。

而李派真正的杀手锏，就是唱歌。他在读书的时候曾经是乐队的主唱，所以唱歌是专业的。他的歌声，用姑娘们的话来说，那是有浓浓的温暖，以及潇洒的孤独。

当李派唱歌的时候，女孩们都会被深深地迷醉。

在这个世界上，唯一比钞票更容易泡妞的，大概也只有音乐了。

总而言之，李派就是一个典型的文艺男青年。有这么多泡妞利器在身，李派有很多姑娘倒也是可以理解的。

但前面说了，他居然睡了这个公司里接近一半的姑娘，这种“壮举”又是如何做到的呢?

我采访了其中的两个女孩，她们用各自的经历剖析了文艺男青年是种什么生物。

第一个姑娘是公司的前台，长得很好看，年纪也小。她进入公司后，开始并没有被李派给吸引到，而是李派主动勾搭的她，不仅每天发微信，还经常表演各种温柔。

但前台姑娘从别人嘴里听说，李派是个很花心的人，在公司里有很多女人，所以，自然不会轻易地上当。

但这种抵抗，对于李派来说根本就是小Case，无非就是追求的时间更长一点罢了。

果不其然，前台小姐抵抗了不到三个月，就沦陷了。

让她沦陷的，是一些看似极不重要的小细节。某一个晚上，前台小姐加班打包东西，到最后，所有同事都离开了，只剩她一个人还在那儿辛苦地干活儿，到了深夜十二点，偌大的公司里，就只有她一个人在，她正在暗自惆怅的时候，李派突然出现，给她送了一碗馄饨。

热腾腾的馄饨，当前台姑娘吃着的时候，竟然流下了眼泪。不管是什么人，不管是多么有防备心的女人，她总是会有脆弱、无助的时候。而当那个时候，李派就恰如其分地出现了。

之前曾说过，暖男就是演员，会选择各种恰当的时间切入。

我一直认为，会泡妞的男人，简直就是世界上最好的心理学家，因为他们永远都知道姑娘在什么时候是最脆弱的，什么时候是最佳的切入点。

李派在前台姑娘最孤立无援的时候，突然用一些小小的温暖打动了对方，然后自己又转身离开。

这比他留下来要求回报，可能更有效果。

事实也确实如此。前台姑娘经过这一次之后，对李派的印象完全改变了。她根本不觉得对方是个坏人，只是觉得他是个迷失在各种女人之间的羔羊而已。

当一个女人开始同情男人，并且想要解救他的时候，那这个女人其实已经濒临沦陷的边缘了。她已经失去了对一切的判断能力，她就是觉得，所有的人，都看错了这个男人。

如果说，这是个切入点的话，那么下一次就是这个女人彻底举手投降的节点。

那是在送馄饨之后的一个月，也忘了大概是什么日子，反正是个什么节日。

姑娘在朋友圈里看到那男人说自己喝得大醉，而且一个人，正在河边踟蹰。

李派拍的照片和写的文字，都是各种的孤独，各种的悲伤，各种的不愿意苟活于世。

姑娘或许之前已经对这个男人产生了些许的好感，有了一定的情感交流。而突然看到他失落迷茫，处于整个人生低点的时候，就有了各种想要拯救对方的想法，想要把这个男人拉出他的坑。

所以，姑娘当时就忍不住联系了男人，问他在干吗，在哪里。

男人就顺水推舟地把自己所在的位置发给了姑娘。于是两个人就相聚在一起，然后一起喝酒，然后感动落泪，然后，当天晚上男人就把前台姑娘带回了家。

这就是文艺男青年的魔力。如果只是像普通人一样，肤浅地去追求这个姑娘的话，李派是永远没有可能追到对方的。

文艺男青年有两个特点，一个是秀才华，一个是晒孤独。而这两点，恰恰是最能打动姑娘的。

因为女人的爱情，是欲望加母爱的结合体。所谓的欲望，是对人产生好感，产生性欲，产生占有欲。欲望产生的前提，就是对方足够好。而才华，显然是通杀几乎所有女人的优点。

而母爱呢？不一定是只针对孩子的，而是针对一切生物的怜惜、同情和想要帮助对方的所谓的心软。

说白了，你觉得一个人很好，又特别怜惜他，那基本就爱上这个人了。

这个前台姑娘成了李派的女人之后，并没有成为他最后一个女人。李派就像是那种最好的猎手，他可以花很长的时间来捕捉一个猎物，但绝对不会因为这个猎物而停留。他享受的，只是捕猎和占有的这个瞬间而已。

所以，在被李派睡过许多次之后，这个男人就开始转向下一个目标了。

前台姑娘完全没明白过来，为什么这样一个男人，千辛万苦追到了自己，而自己又悉心照顾对方、呵护对方，可他瞬间就翻脸无情。

这里就要提到文艺男青年的另一个特征，那就是无情。

前台姑娘去质问李派，李派郑重其事地告诉她："我是一个浪子，没有办法在一段长期的关系里待太久。"

前台姑娘当时就崩溃了，但这个男人和女人截然不同的是，他根本没有爱上她，所以也不会有任何的怜惜。

这姑娘自以为矜持地保持了自己的独立性，既然难得到，就一定是最珍贵的，但事实上，不过是又一个牺牲品而已。

所以不到半年，前台姑娘黯然辞职，她实在没办法看着自己爱上的男人一次次在别的姑娘面前周而复始地演绎让她曾经爱上他的桥段。

这个姑娘的辞职，对李派来说，也是松了一口气，但这并没有妨碍他之后继续在公司里猎艳。

再采访另一个姑娘，或者说，她已经不算姑娘了，今年三十岁，已经结了婚，属于少妇吧。

少妇和李派睡，是在前台姑娘之后的事情了。甚至，这少妇还是前台姑娘的朋友。

当时，前台姑娘被李派深深地伤害，把前因后果都和少妇讲过，闺中密谈嘛，当然，更加隐秘的事情也都说过了。

后来前台姑娘愤然辞职，离开了公司，却没想到，把这少妇的心思给勾引活了。

少妇是公司的财务，看起来本本分分，过的也都是小市民的生活。可以说，和文艺男青年过的日子是格格不入的。

少妇当然不懂为啥周末要去看话剧、看展览，也不懂什么是不容错过的音乐节，更不懂说走就走、一往无前的旅行。

文艺青年最爱的东西，都是少妇所不懂的。

按理说，这肯定不是李派的“目标群体”了吧。

事实上的确如此，李派虽然在公司里勾搭了好多女人，却从来没有招惹过财务少妇，因为对方已经结婚，而且有些土，实在是划不来啊！

大家眼里老实本分的财务，其实内心并没有那么本分。这和许多循规蹈矩的家庭出来的姑娘一样，她们这辈子都在走一条长辈和亲人安排好的路，从一开始就知道最后是什么样，永远都没有走过岔路，甚至都没有走错过路。

这样的人生看起来当然是一帆风顺，但你只能看到应该归你所看到的风景，最普通的风景。而其他那些更好的，不一样的，就永远没可能看到。

所以她其实是很羡慕李派这样的文艺青年的，羡慕他们所过的生活。

这就是文艺男青年容易泡妞的另一个点了。他们虽然大部分都是穷而且苦的，但他们所过的日子，在很多不了解内情的人眼里是很高级的，是一种让人向往的生活。

于是总有些想要过上“高级生活”的人，愿意往这火坑里面跳。

当时前台姑娘和财务少妇诉苦，讲了许多李派的内幕八卦，譬如和公司谁谁谁都睡过之类的。

财务少妇越想越难过，她觉着自己也不怎么差，虽然不是美女，但也别有一番韵味，可为什么这个李派都睡了半个公司的女人了，却不来睡她呢？

没错，财务少妇是吃醋了，她是生气了，她气那个男人居然连那些女人都要，却从来没有对她动过心。

凭什么啊？这不就证明了她不受欢迎，没有男人喜欢吗？

财务少妇决定主动出击，她实在是咽不下这口气，一定要扳回来。

所以之后，她开始打扮自己，开始在李派面前晃悠，开始各种没事找事的表演。

李派是花丛中的老手啊，一次两次感觉不出来，到第三次还能感觉不出来？

他虽然不晓得这个平时正经的少妇到底为啥有这样的变化，但至少能感觉到，对方在勾引他，或者是等着被他勾搭呢！

李派心想，都已经这样了，还等什么啊，那就上吧！

很快地，两个人干柴烈火，在一次晚饭后勾搭在了一起，缠绵了好些天。

激情过后，财务少妇总算是体验过了文艺生活外加出轨，终于心满意足，于是全身而退。而李派呢，他本来就是来者不拒，根本没有喜欢过对方，自然乐得当什么都没发生过。

这件事情，财务少妇完全隐匿自己的名字（职务也是改过的）才算说了出来，即使在说出来的时候，她还是有压抑不住的得意感，甚至告诉我，她还很庆幸，李派在公司里睡过一半女人，自己是受欢迎的那一半。

五分钟鉴定男人
秒懂男人之五：文艺男

文艺男的第一个特征：

他们永远在营造一种完美的、精致的、与众不同的生活方式和心理境界。

所以你看到文艺男青年的部分，永远是他让你看到的最好的、最高大上的那部分。他说话时引用的人名、著作，都是你没有听说过的。

这不代表他们真的懂这些，只是知道拿这些来装逼而已。

你要知道，真正厉害的，是写出书的作家，是那些学者，而扯着别人的理论来装逼的，只是狐假虎威而已。

文艺男的第二个特征：

你会羡慕他的生活，但他真正的生活，其实比谁都差。

文艺男最会做的就是晒生活，但如果你觉得他们的生活永远那么精致，那就错了。其实他们一般都是穷而苦。

无非就是在一个小角落摆出美丽给你看，但大部分地方都是家不成家的。

大多数文艺男的家庭生活都是一片混乱，因为他们总是与常人不同，也不需要过常人的日子。

而不似常人，那就是不正常。

所以，你看到的美好，背后大多数都是不正常。

文艺男的第三个特征：
他们最擅长无成本地泡妞。

在这个世界上，可以又丑又穷又没事业，但从来不缺姑娘的男人，就只有文艺男。

他们可以通过秀才华和晒孤独两招，让女人生出崇拜和同情心。

而这两种心态，恰恰是女人爱情的基础。

文艺男的第四个特征：
他们会为一个女人驻足，却不会被一个女人感动。

和文艺男在一起，仿佛是追求心灵的谈恋爱。

但实际上你被骗了。他们是用心灵之恋来泡妞，但他们本身追求的，照样还是身体而已。

当一个文艺男跟你说，我只爱你的灵魂，不爱你的身体时，完全可以被判定为胡扯。他们不爱别的灵魂，只爱一个人的身体，倒是说得通。

正因为如此，他们往往只是在每个人的身边停留，而不会为你付出的一切真爱而感动。

他们太明白怎么让别人感动，所以自己才更不容易被感动。

你想要感动一个文艺男，还不如色诱他来得容易呢！

Chapter 06

网恋骗子

是网恋，还是约×

五秒看懂男人

秒懂男人之六：网恋骗子

特征：网恋骗子都是依附在网络上和你谈恋爱的，现实里出现的频次非常少。每次出现，基本上都是要开房的节奏。

因为在网络上，他们可以把一份情话复制几十份发给不同的人，这叫群发爱情。

网恋骗子总是说的比做的多，他们嘴里说真爱，说要到你身边，说要有未来，但实际上，却不会有任何的行动。

网恋骗子在现实里来看你的频率，总是有周期性的，因为他要一个个地看过来，不一定会轮得到你。

高段位的网恋骗子，会让姑娘自己千里迢迢地飞过去看他，甚至酒店钱都不用出。

这也是“千里送×”一词的来源。

爱情密码：网恋不是不可以，但关键是如何转化成现实里的恋爱。谈一辈子网恋，到最后不过是沦为×友。而真正的恋爱，是一对一、单对单、面对面的。

真实的故事

秒懂男人之六：网恋骗子

这是一个足以上社会新闻的真实故事。

故事的女主角，叫小凌，是一个小学老师。

小凌无论从哪个方面看都是很普通的姑娘。寻常人家出身，考上师范，进小学当老师，一路顺顺当当。她没有显赫家世，没有动人容貌，唯一能拿得出手的，就是曾经练过几年舞蹈，所以身形、气质都是很棒的，现在每到周末，还会去少年宫教小孩子跳舞。

现实里的小凌，已经二十八岁了，只谈过一次恋爱，连续三年空窗，连个追求的人都没有，是个不折不扣的剩女。

小凌的父母、亲戚都已经快急疯了，到处求人、托人，希望能帮小凌找到合适的人。她也的确去相了好几次亲。

结果怎么说呢，小凌喜欢的男人看不上她，而能看上她的男人则是她完全无法接受的。

所以连想将就都做不到，只好继续那么单着。

过完年，马上就要二十九岁了。这下子，不只是父母着急，小凌自己都开始着急起来。

别人到三十岁，小孩都能打酱油了。她快三十岁了，连个能爱的人都没找到。

所以啊，千万别以为剩女不着急，她们心里比谁都着急，只是不愿意在别人面前表现出来而已。

小凌的爹妈，已经悄悄地出入各种人民公园相亲角啊，姻缘介绍处啊，甚至撺掇着小凌去上什么相亲节目。

后来还是小凌自己听说，现在网上有一些什么婚恋网站，只要上去注册，就会找到男人。

她其实也不怎么懂网络，就半信不信地去注册了。网上的那些红娘倒是很热情，才一注册，就一对一地开始了各种指导。

小凌慢慢知道，原来网络征婚也是有诀窍、有门路的，不是把自己的真实资料放上去就OK了，而是要做各种美化的处理。

首先，小凌的资料就不对，写个真实名字有谁愿意看呢？必须要有美感的昵称，并且能让自己看上去气场很高才行。所以红娘就给她改成了“舞者小凌”。这一看就是会跳舞的，而会跳舞在别人心目中就是个美女，这叫作心理暗示。

小凌表示心服。

其次，要小凌用美颜类的APP给自己拍照，然后还要精心PS，最好还是专门拍一张在跳舞的照片。

小凌就趁着周末教学的时候，拍了一张自己在舞房练功的照片，脸部精修过，身材更是展露无遗。

这样两个改变之后，效果真的好得离谱。小凌在一周之内，就收到了上百个男人的私信，想要和她见面交朋友。

但这上百个男人的资料小凌却不能看，红娘说了，必须要交钱才能开放看对方简历和详细资料的权限。

小凌无法，只好交钱。可是这个功能需要钱，那个功能也要钱，最后差不多要用到的十几个功能全部需要钱。

小凌在这个网站花了差不多五千块钱，这才能一一审阅男人的资料。

她终于明白过来，为什么红娘会如此尽心尽力，合着不是真的想要帮她，而是看着她好骗，打算从她身上赚钱呢！

很久之后，小凌才晓得，原来这些婚恋网站，对于注册的女生都是分门别类的。对于那些非常出色的姑娘，什么超级美女啊，模特啊，都不可能收费的，都是求着人家来，甚至还要贴钱给人家，因为要靠那些美女来吸引男人嘛！

而对于长相一般的，尤其年纪比较大的姑娘，比如小凌，这才是收费的重点。对她们一对一服务，就是为了诈钱。

但不管怎么样，既然已经花了这么多钱，小凌当然不能白花，必须把自己的终身大事给解决掉。

她在那堆男人里精选了好几个，一个个都约了见面。

结果怎么说呢，并不比她相亲好多少。

有几个男人，跑过来后，基本上就是东拉西扯，一点儿诚意都没有就走了。本来小凌还纳闷呢，后来朋友告诉她，这些就是网站的婚托。因为没有男人找小凌，那网站就没办法收钱，势必要找些婚托来创造些人气。

好吧，那这些不算。

其他呢，至少好几个男人，见面之后都对小凌表示了不满，说她把照片做得太假了，本人和照片一点儿都不像，甚至连饭都不吃，直接就走了。

朋友告诉小凌，这叫见光死。好吧，这些也不算。

剩下的男人呢，更加恶心，居然第一次见面就约小凌去开房。他们完全不掩饰自己的欲念，甚至直接说，不要太认真，做人就要及时行乐之类的。

小凌当然不可能做这种事情，断然拒绝的结果，就是断然不再有下文。

几次三番下来，小凌对网站相亲这件事情，慢慢失去了信心。

就在她打算放弃的时候，一个男人引起了小凌的注意。

这个男人的资料倒也不是很出色，就是普通的公务员，三十岁左右，而且和小凌不在同城，相距有一千多公里。

让小凌有兴趣的点，是这个男人上来并没有要求见面，也没有要什么照片，而是问小凌要微博和博客。

小凌就奇怪了，征婚网站上的男人一般都很现实的，他们的目标就是泡妞，而妞的脸够不够好看是第一关注点，所以他们都是率先要照片，还要视频确定。

小凌就问这个叫沈军的男人，为什么要微博和博客。

沈军的回答很简单，他想要先了解下小凌是个什么样的人，然后再决定要不要和她相亲。

这句话，其实不是那么贴心和温暖，但在相亲网站那么一个浮躁的环境下，却让小凌感觉到对方的诚意和靠谱。

于是小凌就把自己的社交平台都发给对方看。

三天后，这个男人正式发出邀约，但不是要见面，而是要加微信。

沈军说了，一下子就见面，未免太直接、太功利，还不如两个人加一下微信，先相互了解下再说。

这个话说得小凌简直感动死了，她之前遇见太多一聊就想见面，一见面就想上床的人了，哪里有像沈军这么靠谱的人啊！

于是小凌和沈军就开始聊起了微信。

两人聊得非常火热，每天至少有十个小时都是在说话。

沈军聊天幽默，又知识广博，而看他的朋友圈，亦是很会生活的人。小凌都有些自惭形秽，甚至还清理了下自己的朋友圈照片，把一些不够档次的都删掉了。

沈军有时候还会经常给小凌发下红包啊什么的，感觉这个人就是不怎么差钱的。

到最后，小凌完全被沈军迷住了。两个人聊天的话题也越来越深入，越来越露骨，连两性之间的话题也聊开了。

沈军就提出要和小凌视频一下。

当时小凌还挺紧张，因为她知道自己不漂亮，担心男人嫌弃她。

几次思想斗争后，两个人终于开始视频了。沈军并没有嫌弃小凌，见了视频后，反而还夸她漂亮、有气质。

小凌特别开心，尤其她发现沈军本人比照片上还要帅气一点，而家里的陈设也是很洋气的，看起来整个条件都不差。

到了这个地步，两个人的关系自然而然是又进一步。双方都开始相互称呼老公、老婆了。

小凌知道自己这个算是网恋，她也听说过网恋不太好什么的，也和沈军提过这个。

没想到沈军倒是早有准备，他直接就否认了自己是在网恋，说两个人迟早要见面，而且以后也是奔着结婚去的，会变成现实里的恋爱和婚姻。

小凌被说服，于是两个人顺理成章地约现实里的见面。小凌满心里都是对沈军的爱，甚至都想过见面后会去酒店做那什么的事情。

这段网恋，谈了大概有一个月的时间，沈军终于找到了假期，跑到了小凌所在的城市，和她见了一面。

两个人第一次见面，还真的是一见倾心。沈军保持了在网络上一贯的体贴和温柔，而且丝毫没有嫌弃小凌的长相。

要知道，之前多次的相亲，都是见光死，快把小凌对自己的信心磨灭了。而沈军不只是不嫌弃，还一直夸她好看，直让小凌感慨，还真是每个人的审美都不同。

所谓不好看的姑娘，只不过是没遇到欣赏她美丽的人而已。

小凌对沈军的感动简直无法言说，甚至还有感恩的心思。在约会过程中，她都打算要以身相许了。

约会完之后，两个人顺理成章地进了房间，一夜缠绵自不用说。

第二天，小凌对沈军提出，带他回家见见父母。

但沈军拒绝了，他的理由是，自己和小凌还身处异地，离谈婚论嫁还有一段距离需要努力。而他是一个靠谱的人，必须通过自己的努力，到小凌的城市定居，然后才可以提出结婚的要求。

小凌感动得啊，都差点说出要跟着沈军私奔了。

不过当天下午，沈军就匆匆地赶了回去。离别让小凌黯然了好久。

幸好，两个人在微信上依旧是热火朝天。

发生关系之后，沈军倒是没有改变对小凌的态度，还是温暖如昔。

每天嘘寒问暖，早报告，晚晚安。

每天汇报自己的行踪啊，在做什么啊。

反正是一副已经结婚后的丈夫的模样。

这段关系保持了有四五个月，沈军差不多两个礼拜来看小凌一次，住一晚上就回去。

小凌有时候也觉得似乎不太正常，自己跟沈军的身体关系，和两个礼拜约一次炮有啥区别呢？

但两个人在网上的相处，又好像是就在身边一般，真的和正常夫妻没啥区别。

大概过了半年，沈军突然出现在了小凌的城市。这次倒是多住了几天，而且还带着小凌去看店面。

原来沈军已经决定，要来小凌的城市定居，但他要辞去公务员的工作，那可不是小事情，必须要给家里人一个交代。

沈军要给家里人的交代，就是打算自己出来创业。他要开一个属于自己的咖啡馆，而这个计划，他已经悄悄规划了好几个月了。

沈军给小凌看自己画的咖啡馆的装修，以及他给自己好朋友下的咖啡机的订单、从香港还是某地找来的咖啡师资料等。

整个计划都不错，但看起来似乎简陋了一点点。

沈军让小凌提建议，小凌指出了几个比较粗糙的地方，沈军就开始叹息自己的钱不够，现在能把架子撑起来就不错了。

几次哭穷，小凌就开始焦虑地问，到底还缺多少钱。

沈军说了大概十几万的数字。

小凌心中大定，答应帮沈军想想办法。

回去之后，小凌取出了自己多年来工作所存下的十万元定期，然后又和朋友借了几万块钱，连想都没想，就给沈军转账过去。

正所谓阳光之下没有新鲜事。

转账后三天，沈军就消失了。

小凌一开始没有联系上沈军，还以为对方出了什么事情，急得到处打电话，差点儿没报警。

等到失联一周，小凌这才感觉不对，连忙飞到沈军的那个城市里，去他的单位找。可谁晓得，那个单位是有的，却没有人知道有沈军这个人。

然后再去沈军曾经说过的那个地址找，也是查无此人。

直到这个时候，小凌才恍然大悟，原来她上当了，遇到了网恋骗子。

这个事件差不多一年后，沈军（化名）才落网。

而受害人，竟然超过了二十个女人，年纪从二十六岁到四十岁不等，涉嫌诈骗的总金额高达数百万元。

这个网恋骗子，最多的时候，同一时间和八个女人交往，使用了四五个身份，几乎是百分百得手，不只是骗感情，还有骗钱。

五分钟鉴定男人
秒懂男人之六： 网恋骗子

以前很多次讲过网恋的事情，也曾经说过，网恋有九成都是不靠谱的。

所以今天讲了一个比较特殊也比较极致的案例。

在一般情况下，网恋骗子并不会涉及诈骗，因为他们最多骗的，是姑娘的心和身体。

许多人会问，网恋骗子为什么要骗呢？姑娘的心和身体到底有什么好骗的呢？

这就是典型的女人心态，不懂男人了。

我一直在说，男人大多是花心的，不只是帅的富的花心，就算是丑的宅的也花心。

而男人要想泡妞，手段就那么几种——

要么靠权势，要么靠金钱，要么靠外貌，要么靠去酒吧夜店找姑娘。而对于那些整天待在家里的宅男来说，他们有什么手段呢？

当然是网络。

网恋骗子的第一大特征：他们是宅男，永远依附在网络上，通过网络泡妞。他们在现实里出现的时间，远远低于在网络上出现的时间。

这是为什么呢？

因为男人在泡妞的时候，都会付出两样东西：金钱或者时间。

要么是金钱，要么是时间。基本上，一个都不付出，那是没办法打动姑娘的。

而网恋骗子们，都没什么钱，唯一能付出的就是时间。

但问题又出来了。

如果真的在现实中去付出时间，好好地陪伴某一个姑娘，收获爱情是没啥问题的。但对于网恋骗子来说，效率太低。

你懂吗？正常恋爱是一对一地付出时间，是一个人在某个时间段只陪着你。

这种效率当然是低的，追求花一个月，深入花一个月，最后恋爱一个月，真要泡到一个姑娘，对男人来说，有三个月的基本期。

而网恋骗子追求的是高效率，他们希望自己可以在更短时间里追到更多的姑娘。

网恋骗子的第二大特征：就是群发。他们的“爱情”是群发的，从来不单对单地泡妞，而是利用网络，谁也看不到谁，谁也不知道对方真实的状态，一对多地进行追求。

把同一句关心的话，同时发给多个姑娘。每个姑娘都以为对方只是对自己说的，都会分外地感动。

把同一个浪漫的桥段，同时用在多个姑娘的身上，让每个姑娘都有深深的幸福感。

网恋骗子最会利用网络的特性，那就是把远距离两个人的精神层面拉到一起，通过语言的描绘，让你知道他的生活。

但实际上，你并不能真的知道。

所以网恋骗子可以通过这个方法，让一群女人都以为在和他谈恋爱。

就好像之前的沈军一样，他最多的时候和八个女人同时交往，八个人居然丝毫不怀疑，也没有感觉到有别人存在。

网恋骗子的第三大特征：网恋骗子无真爱。

当一个人尊重爱情，真爱对方的话，那就会把整颗心都交给对方，心里面再也住不进别人来。

所以，任何同时爱上一群人的做法，都绝对不会是真爱，更遑论是把真爱分成几份了。

网恋骗子最多见的，就是先在网络上群发爱情，跑一个量再说。

这种情况说是有真爱，鬼才信。

只能说，他们每个人都是小说家，都是在写一个真爱的故事，然后骗所有姑娘相信。

千万不要傻兮兮地想，这么做对谁有好处，对谁没好处。

对于那些现实里泡不到妞的宅男来说，能够泡到一群的姑娘，这就是最大的好处了。别小看男人对于泡妞这件事的动力。

最后，我们还要讲一下网恋里靠谱的那一部分。

我们说网恋有九成是不靠谱的，那么总归还有一成是可以成功的。

这一成的网恋男人一般是怎么表现的呢？

他们可能和网恋骗子刚好相反。

首先，他们可能是通过网络认识的，但交往却是在网络下，也就是现实里陪伴的时间，远远多于网络上的交往。

其次，他们是只和一个女人交往，不只是嘴上这么说，实际上也能让你看到他的生活状况和感情状态。

最后，他们是实实在在地把网恋变成现实感情的，绝不是嘴上说的靠谱，该搬家就搬家，该换工作就换工作。

总而言之，最后能有结果的网恋，都不会一直存在于网络上，而是存在于两个人日常陪伴的生活里面。

Chapter 07

穷小子

少年穷，不代表一生穷

五秒钟看懂男人

秒懂男人之七：穷小子

特征：在二十八岁左右是人生低谷，无论金钱、事业、家庭，基本上没有什么是顺利和成功的。但不管遇到多少挫折，他都没有放弃自己的勇气和梦想，总是在一路前行。

这样的穷小子，会在三十岁之后有指数级别的成功，而陪伴他们走过最低谷的人，必定是一生最感恩的人。

爱情密码：穷小子有可能成为白眼狼，但也有可能不是，就看你愿不愿意赌一把。

真实的故事

秒懂男人之七：穷小子

中国有一句老话，叫宁欺白头公，莫欺少年穷。

欺负老人家当然是不好的。可这句俗话的意思是，“少年穷”这三个字，是不可侮辱的。

我们通过一个小案例来了解下什么叫少年穷。

女主角辰辰是某大学中文系毕业的，她毕业的时候，还不到2000年，当时的大学生，还不像现在这么不值钱，也算是天子骄子吧。

辰辰在大学里就谈了恋爱，那个男人叫吴云，是大学诗社的社长，算得上才华横溢的类型。在大学里就开始写小说、写剧本，虽然没有发表过，但人人都知道，他是有才的。

在大学里，吴云是女孩们注意的焦点，辰辰是倒追对方的。吴云和她成了一对，让辰辰变作了大学里的焦点。

两年恋爱，感情甚好。毕业之后，吴云想留校但没有成功，最后进了市文化馆。辰辰看吴云落地生根了，就留在了这个城市里。

两个人刚毕业，要租房、要生活，在钱上面很紧张。吴云刚进文化馆，每个月拿的钱少得可怜，而两个人的家里经济也不富裕，没办法给他们什么照应。

本来辰辰还想着慢慢找工作，直至能找到个合心意的。她所谓合心意的，无非就是电视台啊、报社啊之类的。

但那个时期，下岗工人都到处找饭吃，每个单位都是人手满满的，哪里有工作给她。何况辰辰也没有吴云那样的才华，无非就是装文艺女青年而已。

大概过了半年，两个人的日子实在是过得紧巴巴的，吴云又要养活自己又要养活辰辰，经济上确实撑不下去了，就提出来，让辰辰随便先找个工作过渡一下。

可是工作哪有这么好找的，幸好辰辰还有不错的脸蛋，又是大学生，最后找了个红酒销售员的工作。

红酒销售可不是啤酒推销。啤酒推销是在酒吧里面，穿着短裙啥的，显得没有那么高端。

而那个时候，红酒还不是一般人能喝的。销售法国红酒，算是一个比较高档的工作了。

辰辰需要穿着正式的职业装，在酒庄里面，和各种喝红酒的人聊天啊，应酬啊，然后一箱一箱地卖给他们，甚至卖期酒给他们。

这份工作，刚开始时，辰辰是很不满意的，觉得做销售嘛，那不就是业务员？一点儿前途都没有。

但慢慢地，她发现，这个工作有个非常大的好处，那就是可以让她认识人。

辰辰是那种坚信只要有人际关系，就可以办成所有事情的人。这差不多也是老一辈对于中国社会化的理解了。

而买红酒的那些男人，基本上都是老板。老板们陪着来喝红酒的人呢，基本上都是有些社会地位的。

辰辰做了不到两个月，就发现这个世界向她打开了一扇门，这扇门通往一个五彩斑斓的世界，而那世界，正是她一直向往的。

辰辰开始爱上了这个世界，她称之为高端圈，也就是别人俗称的上流社会。

一旦进入了这个世界，辰辰觉得自己的门也被开启了。她的人生，从此以后就算进入了一个全新的平台。

从前，她没有见识过这些，所以不曾懂。

现在她算是知道了，其实她天生就应该属于这个圈子的，她就是应该过上富足的生活，就是应该和有地位的人交往，就是应该手挎名包，坐着豪车，出入高档场所。

可问题又来了。

她接触着这样的人和事情，自己却并没有办法过上这样的生活。

她在白天跟人喝红酒，聊着几个亿的生意，晚上在家里却喝着稀饭，苦恼下个月的房租该怎么办。

她工作的时候接待着挎着十几万名包的贵妇，陪人讨论奢侈品这一季的时尚，回家后却要上淘宝去买便宜的高仿，以便让别人以为她也照样可以用。

当她指挥着人把一箱箱红酒送入富豪们的豪宅、看着车库里的跑车时，自己却不得不坐着公交车回家，有时候甚至还要走一两站。

在这样的情况下，辰辰越来越讨厌自己回家后的生活，她竭尽全力地想让自己融入那个高端的圈子，要和自己本来的生活决裂。

但她又怎么决裂得了呢？她认识的人再高端，可一个月的收入就那么几千块，而老公更加少，政府清水衙门，刚进去能有一千多就很好了。

辰辰开始对吴云不满意了。现在辰辰终于发现，男人有才华是没用的，会写诗更没用，文艺是没用里的没用。

你看那些小学毕业的男人，照样赚钱赚得盆满钵满，照样可以富得流油。

既然这样，那文艺和才华，还不如别人会做生意呢！

辰辰对吴云有满满的怨言，也要他给自己买各种礼物，想尽办法改善生活，不然她就要分手。

其实吴云对于生活是有计划、有安排的，他觉得现在两个人还年轻，最重要的是追求自己的梦想，现在不拼一把，以后哪里还有时间和精力，如果现在搏梦想失败了，那再赚钱也不迟。

吴云的计划是，暂时先待在政府单位里拿死工资，反正工作也挺清闲的，正好有时间拿来创作剧本和小说。如果有一天剧本、小说走红了，自己就辞职做职业作家；而如果没有走红，那至少还有一份正经熬资历的工作。

这个想法，可以说是稳妥和冲劲并重的，也是老成之举。

辰辰却很不满，她要看到的，是眼前的改变，而不是将来的可能性，更不是什么希望。

那些所谓的高端人士，传递给辰辰的最大影响就是，不相信未来，只相信现在。辰辰觉得，这是对的，那些所谓的讲希望的，永远都是忽悠。

所以她觉得吴云的计划只是一种托词，是他所找的借口。

辰辰要求吴云立刻辞职，并且去做生意，要在一年之内，让两个人的生活发生改变，否则就不可能继续在一起。

吴云和辰辰吵了很久，最终也无法说服这个姑娘。他又非常爱对方，无奈之下，竟真的辞职了。

然后，去开了一家所谓的红酒代理行。

吴云从家里拿了钱，还跟同学、朋友甚至是老师借了钱，通过辰辰拿了一个所谓的红酒代理，开了个小店面。

可是，生意哪有那么好做的。

吴云根本没有任何做生意的经验，开店意味着马上就要亏损。而辰辰又过于相信自己的能力，觉得从前的那些客人可以轻而易举地拉过来。

可她哪里想到，所谓有钱人，往往是最现实的那群人。他们当初对辰辰的客气甚至交好，无非是因为她长得还不错，又在那个顶级的酒窖而已。

如今，辰辰已经离开了顶级酒窖，自己开了那么个小而破的门面，而且还是男朋友做老板，为什么要给面子呢？

或者最多就给一次面子，之后为什么要一而再地光顾呢？

辰辰没有弄明白，其实做生意，永远都不是靠人际关系，而是要货真价实，让大家都觉得不吃亏。

她要利用别人，让人家送钱给她花，那就必须付出相应的代价。但她有男朋友在身边，那就更不可能了。

小两口的这个生意，维持了几个月不到，就彻底地宣告了失败。

而这个失败的结果，是非常惨烈的。

两个人从家里拿的钱也就算了，而跟朋友、同学借的钱，让他们背上了很沉重的负担。更重要的是，两个人都是辞职来做生意的，现在生意失败，没有收入又没有工作，简直就是一无所有，满身负债。

相比而言，吴云可能更惨痛一点，他原本是政府单位的正式员工。虽然那时候，正式编制还没有现在这样可遇不可求，可那也是一年等一回的难得。现在他辞职了，这辈子都别想再回体制内，也就是说，官方那条路子是完全地断绝了。

生意失败，辰辰颓废了几个礼拜，就又跑回其他的红酒酒窖去当推销员。毕竟她有经验，也有客户，找工作并不难。

吴云却真的找不到工作了。

他身无所长，又没有什么工作经验，还是一个男人，又哪有机会给他呢！

实在没办法，吴云只能跑去话剧团，当了一名保安。

大学生天子骄子，当时学校社团的社长，甚至还在体制内待过，最后竟然变成了一个保安。

吴云还没有受不了，最先受不了的，却是辰辰。

她完全无法接受自己男朋友是个保安这个事实。而恰好这个时候，有个大款在追求她。辰辰就下定决心，要和吴云分手。

吴云努力劝解了许久，甚至都说他立刻就结婚，让辰辰能看到自己将来的变化。他是一个有梦想、有冲劲的人，只要假以时日，就会让辰辰过上好日子。

但这些话，辰辰都听不进去，她就只管自己眼前看到的，他只不过是个穷小子，还是个穷保安，又怎么能和大款相比呢？

辰辰就义无反顾地和吴云分手了，去做了大款的二奶。

这事情到现在，几乎成了个悲剧。

吴云若是没啥斗志，大概就这么沦落一辈子，或者就回老家，在父母的照顾下度过残生。

幸好，他确实是个有目标、有理想的人。

在该市话剧团当保安期间，吴云看了无数的话剧，包括国内和国外艺术家的表演，还看了许许多多的书，他悄悄地在写一个关于话剧的剧本。

过了好几年，某个偶然的机会，他的剧本被团长看到。而当时，就把团长给震惊了。或许吴云的本子并没有好到那种程度，但是一个保安写的剧本，竟然能跻身一流的行列，已经可以让所有人疯狂了。

团长决定给吴云一个机会，把他的剧本排练成了小话剧，在很小的范围内进行了公演。谁料到，效果居然很好，获得了许多观众的喜欢，也拿了一些小奖。

吴云被团长直接提拔成了话剧团的编剧，而他得到这份工作后的第一件事情，就是联系辰辰，告诉这个女人，自己已经有了体面的工作，而且慢慢地要实现梦想，他已经可以娶对方，并且让辰辰过好日子。

但可惜，辰辰那个时候，恰好换了第四个富豪男人。

没错，辰辰和最早时跟的那个大款，早就已经分手。但没关系，她既然已经放开了，又在这个圈子里，也不愁没有男人喜欢她。

于是就一路地换男人，每次都是给那些有家有室的男人当二奶，只要给她足够的钱，给她别墅和豪车，她就愿意陪人家，让人长期包养。

几年的时间，辰辰攒了上百万的存款，还有了一套房子和车子，她过上了当初想要的日子，每天有名包、有豪车，还可以随时出入高档场所。

这个环境里的女人，又怎么会被吴云取得的小小进步给感动呢？

吴云向她求婚，甚至都不在乎这几年里她做的事情。但辰辰觉得，她和吴云，已经是两种完全不同的人。

就算吴云已经有了话剧编剧的职位，有了一年几万块的收入，可还是只井底之蛙。

他哪里会知道，辰辰一晚上就能喝掉某个男人几万块钱的红酒，一夜之后，就可以拿到某个大款几万块钱的包包呢！

在辰辰看来，这就是天上地下的区别了。

辰辰拒绝了吴云之后，将这个事情讲给了圈子里所有的姐妹听。所有人都觉得辰辰做得对，像吴云这种穷人，根本就是一辈子都混不进她们的圈子。

有个人说得更刻薄，她说，姐妹们是吴云这类人永远都消费不起的名牌。

这句话，大概鼓励了整整一代的女人，可惜，这些女人永远都没有搞懂过，名牌的重点根本就不是贵，而是有口碑。

总而言之，又是一晃多年。

辰辰继续在那个大款圈子里混着，她已经换过了接近十个男人，而年纪也快要三十岁。

说实话，辰辰本来就不是特别好看的类型，无非就是靠着青春和新鲜，才让男人喜欢。而随着年纪越来越大，她的优势已不再。

而且圈子内的男人，都知道她没工作，也不懂啥事情，只是一朵交际花而已，私底下还把她叫作公共汽车。

除非是新入圈子的男人，否则也没啥人对辰辰感兴趣。

而回头看看这几年，辰辰好像是一直过着富足奢靡的生活，但实际留下了什么呢？有男人送过房子给她，可分手后又拿回去，甚至还有老婆亲自找上门来要回房子的。

男人也给过她不少钱，但她要买奢侈品，要租豪华的别墅住，要开好车，到最后也没有剩下多少。

辰辰在快要三十岁生日的那个月，整理了下自己的资产，她只有十几万的存款，有一屋子过了季的名牌，而其他呢，不是租的，就是借的，什么都没有。

更可怕的是，这些年她什么技能都没学会，什么工作经验都没有。也就是说，只要离开了这个圈子，离开了男人，她就是一无所有。

辰辰就是怀着如此恐惧的心态迎来了自己的三十岁生日派对。而在这个派对上，有好几个女人纷纷说要给辰辰介绍新鲜的高富帅。

她们果然没有食言，带来了一个刚上市的影视公司老板，据说才三十来岁，是真正的高富帅。

这个老板以前似乎不怎么爱玩，这次也是碍于情面，第一次被拖进圈子里来。

辰辰作为寿星，当然是被人拖出来隆重地向老板介绍。

两人一见面，顿时惊呆了。

原来那个老板，就是吴云。

虽然七八年过去了，但吴云和从前并没有太多的区别，还是那么斯斯文文地戴着眼镜，只是穿着比从前好了很多，看起来也经历过沧桑，所以自信许多。

辰辰就像是被子弹击中了一般，这些年来，她觉得自己生活在上流社会中，所以从没有关注过吴云到底生活得怎么样。她只是把吴云当作曾经交过的一个穷男友，是年轻不懂事时做错的事情。

可是现在看到的吴云，却是万众瞩目的焦点，辰辰那所谓的上流社会，都上赶着巴结吴云。

辰辰吃惊之下，没敢继续和吴云叙旧，她躲在旁边，听着别人对吴云的评价，还有他那所谓的传奇经历。

当年，辰辰和吴云分手之后，让吴云颓废了很久。他连小说都没有兴趣写，也没有精力工作，那时候他才刚转岗话剧团的编剧，怎么可能让他这么瞎搞呢？领导一怒，让他回家停职几个月。

那几个月，吴云在家日日喝醉，可谓醉生梦死，他自己觉得，这辈子就算完蛋了，爱情没了，工作没了，梦想也没了。

这是吴云人生的最低谷，不管之后多少年，每当吴云回想起那段时光，都是喟然长叹。

幸好那时候，也不是所有人都放弃了他。有一个话剧社的女演员，特别欣赏吴云，尤其喜欢他偷偷写的那部话剧，所以自愿跑来照顾吴云。

她给吴云做饭，帮吴云洗衣服，给他买各种生活必需品，甚至还逼着他洗澡，逼着他出门散步。

说真的，这个话剧团的女演员长得比辰辰还好看一点。只是那时候的吴云满脑子都是失恋，不仅对人家不感恩，还破口大骂，嫌弃对方多管闲事。

那女演员也哭过、伤心过。可照顾吴云的时日长了，她是真的爱上了吴云，便也没有走，依旧做着吴云说不清道不明的保姆。

整整五个月的时间，女演员一直都在付出。到后面几个月，吴云早已穷得叮当响，连吃饭过日子都是姑娘掏钱。

后来吴云的爹妈过来，见到这一幕，把吴云狠狠教训了一顿，逼着吴云娶人家姑娘。

那女演员反倒不情愿了，她觉得自己是爱对方，而被逼迫来的婚姻她要来干吗呢？于是洒脱地转身离开，继续去演话剧。

人非草木，孰能无情？看姑娘这个样子，吴云反倒清醒过来了。

他是受了情伤，可不是白痴，谁好谁坏，难道还分不出来吗？

吴云恢复过来后，回到话剧团上班，他开始潜心创作一个剧本，而女一号的原型，就是那个姑娘。

这个剧本获得了巨大的成功，女演员也在整个话剧界一举成名。在最后一场公演的时候，吴云在舞台上向女演员求婚。在所有观众和演员的注目下，两人终于走在了一起。

婚后，吴云终于找到了施展自己才华的机会，佳作频出，不只是话剧，电视剧的剧本更是写一个火一个，不到两年，就组建了自己的工作室。

后来恰好遇到电视剧大发展，他的工作室创作的几个戏，都是年度卖座大片，吴云的工作室迅速升格成了公司。

变成公司之后，一群投资人蜂拥而来，合力把公司的价值做大。而吴云的团队当时已经成为国内电视剧界最大的黑马，演员都争先恐后地想要上戏，电视台不惜代价想要买剧，连续三年涨了好几倍，这才有了后来的上市。

吴云在几年之内，从一文不名到上市公司主席，那简直就是个传奇。

辰辰听着大家七嘴八舌的介绍，心里犹如翻江倒海，真的不知该说什么好。所有人都在羡慕那个女演员，说她眼光好，能看出一个男人的将来云云。

却不晓得，辰辰已经后悔得快要死过去了。

她是最早和吴云在一起的，是她说吴云永远也不可能有出息，也是她抛弃吴云去追求荣华富贵的。

可现在，真正的荣华富贵，就是吴云。

这件事的结果，也不需要多说了。就算辰辰能拉下脸，跑去找吴云求复合，也没有丝毫的可能性。

这就是一个不知道“莫欺少年穷”的典型例子。

五分钟鉴定男人

秒懂男人之七：穷小子

什么是少年穷?

那就是一个男人在青春少年的时候，身无分文，事业无成，没房、没车，什么都没有。

这往往发生在毕业后的几年内，很少有男人，可以运气到一下子就事业成功。绝大部分刚从学校出来，抱着幻想和坚持，然后就各种碰壁。

少年穷的第一个特征：

一般都出现在男人三十岁之前，二十八岁左右，是绝大部分男人人生的最低点。他们想要做的事情都失败了，工作的职务在最底层，钱也没有，一切前途都像是镜花水月。这就是少年穷的最常见时期。

因为在那个时期，毕业也有一段时间，已经抛弃了学生时期的幻想，但工作需要熬资历，社会需要熬经验，赚钱又需要机会，差不多刚好什么都没有。

再加上这个年纪，是男人最想谈恋爱和结婚的时候，那就更加需要花钱了。

所以，如果经历过一个男人的二十八岁，那大概就是经历了他人生的低谷。能够陪着男人度过他最艰难的岁月，虽然不可能会一辈子让人感恩，但至少，会让人一辈子都念你的好。

少年穷的第二个特征：

无论这些男人当时有多穷，他们心中的勇气和梦想始终没有放弃，所以在最艰难的环境里，依旧向前爬行。

如果你看到一个男人被困难打垮，再也没有前进的勇气，那么，他就不属于这个类型。

少年穷，但勇往直前。

一个男人最重要的，就是忠诚和勇气。如果没有忠诚，那么再大富大贵也没用，因为他不是你的，什么都没意义；如果没有勇气，那再好的条件也没用，因为一次挫折打击，就可以彻底趴下。所以，当一个男人只对你好，并充满希望时，那还有什么可挑的？希望和专一，就是男人最大的优点。

少年穷的第三个特征：

他未来会有成就。所谓的少年穷，那是年轻的时候穷。如果年老后还穷，那就不叫少年穷，而是一生穷。

而根据普遍的观察，男人在三十岁之后，他的收入将会呈现指数级的提升，甚至是三十岁之前的十倍左右。

对于大部分的男人，他的事业都会在三十岁之后发生飞跃。这是经验到了，资历够了，人也足够聪明了。

而飞跃的程度，则和男人的努力程度相关。分外努力的人，百倍以上；一般努力的人，十倍以上；完全不努力的人，也有增长。

少年穷的第四个特征：

不一定忠诚，但大多感恩。

曾经穷过苦过的人，一般都不会忘记自己的那段经历。无论将来多么大富大贵，也往往会把自己困苦过的生活当成一笔财富，甚至当作最宝贵的经历来看。

所以，如果你在男人少年穷的时候陪伴过他，那他不一定会对你忠诚，但一般都会感恩。

这里就要插一句关于男人忠诚的事情。

男人忠诚与否，和他成功与否毫无关系，和你有没有陪他度过漫漫长夜也毫无关系。

这是男人的本性使然。

而我们所看到的是，在度过少年穷的那一群人里，将近一半都出轨了，但还有将近一半的人没有出轨。

这就看你究竟是看到坏的那一半，还是好的那一半了。

没有永远老实的男人，或许，只有永远吃得住男人的悍妇吧！

Chapter 08

直男癌

歧 视 女 人 的 不 治 之 症

五秒钟看懂男人

秒懂男人之八：直男癌

特征：直男癌患者表面是大男子主义，实际上深深地歧视女性。他们把一切错误都怪罪到女人的身上，觉得女人就只配洗衣、做饭，天职就是照顾好他们。

直男癌一般都搭配处女病、重男轻女病、女人天生当主妇病等。最喜欢做的事情，就是侮辱各种女人，觉得全世界的女人都不够好，配不上他们，只能当牛做马。

直男癌患者一般都事业失败，唯一展现勇气的地方，就是折磨自己的女人。看到女人痛苦，他们会有快感。

爱情密码：真正的大男子主义是对老婆好。对老婆都不好，算什么大男人？

真实故事

秒懂男人之八：直男癌

我仔细盘算，这个男权社会对女人的道德标准是：

1. 不能爱钱。你嫁有钱人，不嫁穷人，就是嫌贫爱富。
2. 守身如玉。不能婚前性行为，要满足对方的处女情结。
3. 赚钱独立。有工作，能赚钱，最好还自己买房。
4. 孝顺公婆。要伺候公婆。
5. 会做家务。要伺候老公。
6. 会生小孩。要传宗接代。

我就经常搞不懂了，这到底是新社会，还是旧社会啊?

现在确实有一种病，是男人的绝症，名叫“直男癌”。

这种病，你不碰则已，一碰到，不死就伤，至少也得烫脱一层皮。

这一章，我们就来讲讲这种绝症。

这个案例的男主角，名叫小蛮。

小蛮当然不是真名，但慢慢你就会发现，他相当配得起“小蛮”这个名号。

小蛮是事业单位的员工，有一定的行政级别，这也是他和他家里人自我感觉良好，觉得自己比较牛的一个根源。

小蛮的家里，父亲是某工厂的厂长，母亲是全职主妇，但是在家母亲说了算，不管爹还是儿子，都是听妈的。

这样的家庭，条件当然不算差了。对于大部分普通家庭来说，已经是相当高端了。

但恰恰就是这样高端的家庭，却让小蛮到了三十五岁都还没有娶上媳妇。

小蛮其实长得还可以，读书成绩也不错，在学校里也有姑娘喜欢，但他从来没有正儿八经地谈过什么恋爱。

小蛮毕业后，单位里有个领导想给他介绍女朋友。在第一次相亲的时候，他就直愣愣地问人家姑娘，是不是处女。

这差点把人家姑娘给问傻了。

这姑娘是才分了手，而且跟前男友同居过，也没办法很强硬地说自己是，只是问小蛮，为什么非得要处女。

小蛮当场就巴拉巴拉地说了一堆，什么男人的体液会在女人身体里产生什么DNA，完完全全都是在朋友圈里传出来的谣言，不要说科学道理了，就连一点点逻辑性都没有。

小蛮却把这件事情当成了真相，甚至在全单位宣扬，他这辈子只可能娶处女，如果不是处女，永远都不要给他介绍了。

对于小蛮来说，处女并不会带来什么好处，但他要的就是这种独一份的感觉。没有被外人沾染过的女人，才是唯一、完完全全属于他的女人。

这就是小蛮家的教育。

本单位的人是不可能再给他做什么介绍了，但他还有亲戚啊！有一次，表哥给他介绍了个姑娘。

小蛮拿到照片一看，哟，挺好看的，于是就同意见面了。

可相亲的时候才一看，小蛮就立刻起身走人了。为啥？

他嫌弃人家姑娘的裙子太短了。按他的话来说，裙子只要是不到膝盖，那都不是正经女人穿的，何况那条裙子才刚刚包住屁股，哪有正经女人会这么穿呢！

何况还浓妆艳抹，还做模特，这简直就是不正经中的不正经了。

好嘛，这才知道他不喜欢浓妆艳抹的女人，只爱正经女人。

也没关系，亲戚朋友不屈不挠啊，又给他介绍了个女博士。

女博士从来没有谈过恋爱，是处女毫无疑问，而且衣着保守，大夏天都恨不得穿毛衣。

这样的女人，可算是符合小蛮的需求了吧！

可惜啊，还是不欢而散。

因为小蛮当时就问人家，会不会做家务，会不会煮饭。

用小蛮的话来说，男人是在外面拼事业的，女人就是在家做饭的。如果女人能干了，那要男人来干吗呢？所以，女博士没什么用，关键是要会伺候人。

就这种赤裸裸的需求，还有谁敢给小蛮介绍女朋友呢？

但说起来，现在剩女实在是太多了，就算没人介绍，小蛮照样有女朋友。

没过多久，小蛮就真的找到了女友，在这姑娘眼里，小蛮是个什么样的人呢？

这姑娘说，小蛮特别地Man。

怎么Man？

跟她说话，从来不用请的，那都是呵斥，特别有男人味儿。

不允许姑娘出去玩，但自己每晚都可以在外面应酬，号称什么外面的事情男人来，家里的事情女人来。

就是这样的态度，那姑娘居然还觉得小蛮是真男人，这都是大男子主义而已。

后来两人结婚了，婚后姑娘怀孕，小蛮的爹妈通过关系，先照B超验男女，结果发现是女孩儿。小蛮极力主张把孩子打掉。

可当时怀孕月份已经大了，如果要堕胎非常危险。

小蛮强行命令老婆必须堕胎。在流产手术过程中，果然出了大问题，胎盘和子宫粘连拉不出来。最后为了不摘除子宫，医生硬生生把胎盘给扯了下来，几乎引起了大出血。

而在女人奄奄一息的时候，医生告诉小蛮，那个被活生生扼杀的孩子，其实就是男孩，只是B超无法百分百准确而已。

这件事情过去不到一年，小蛮又要老婆继续生孩子。这一次为了确保是男孩，让女人专门去吃了半年的所谓包生男孩的秘方中药。

这一回倒是真的生下来了，但孩子是姑娘。

如果换到别的家里，就算再重男轻女，可生下来的是姑娘，也一定会喜欢的，毕竟这是亲生的啊！

小蛮却勃然大怒，差点儿把刚生完孩子的老婆拉起来打一顿，到最后连护士长都看不下去了，一顿臭骂把这男人骂出了医院。

得到一个女儿后的小蛮，把所有责任都归咎到老婆的身上，跑到外面找小三，还扬言要让小三给自己生儿子。

有了女人之后还不怕自己家老婆知道，反倒是他老婆一次次地替他遮掩。

小蛮在朋友面前说，哪个真男人不是三妻四妾呢？外面有几个女人算什么，就算外面的女人生了孩子，照样可以带回家养。

那个小三还真的生了小孩，但依旧是个姑娘。

再度受挫后的小蛮，对那对母女也不管不顾，跑回家来，要自己老婆继续生孩子。

终于，这个女人看透了一切，愤然提出离婚起诉，最后带着女儿离开了家。

但在法院外，小蛮还得意扬扬地说，生孩子的女人还不好找吗？在这个世界上，想要多少就有多少。

这种男人，有人取了个名字，叫直男癌。

五分钟鉴定男人

秒懂男人之八：直男癌

直男癌的第一个特点：

毫不避讳的大男子主义，甚至以此为荣。总是觉得女人应该成为自己的附属品，认为女人有自己应尽的职责。任何女人想要独立自我的行为，都是错误的。所有女人的事业、梦想和斗志都是没有必要的。认为女人唯一的作用，就是照顾好自己。

很多女人觉得，男人大男子主义很Man。但一个男人就算再Man，前提也必须是珍惜你。如果一个男人不珍惜你，就算再Man，Man出火来，跟你有关系吗？

其实，男人需要用这种方式来凸显自己的男子气概吗？

男人的男子气概，其实就是承担。只有把家庭、事业、爱人和亲人都扛在自己的肩膀上，才是真男人。

真正的大男子主义是，在外面霸道，而在家里对老婆好。

连老婆都照顾不好，算什么大男人呢？

直男癌的第二个特点：

把所有的错，都怪到女人的头上。从来看不到自己的问题，凡是出了事，就一定是女人的错。这是典型的女性歧视，但他们自己从来都感觉不到，反而觉得是理所当然的。

网上流传过一个段子，说是世界杯期间，一群男人在喝酒吃串看世界杯，相互讨论时说，中国足球没起色，主要原因就是女人不好，因为全中国几亿的女人，居然生不出会踢足球的男人。

这个段子是真是假暂且不管，但这的确就是典型的直男癌的言论。

他们永远看不到自己身上的问题，只会把错误怪到女人头上，就好像女人是垃圾桶，天生就该被倒垃圾一样。

我们见过许多自己生不出孩子的，不愿意去检查，非说是女人不好；提供不了Y基因，生不出男孩的，非说女人不争气。

也有男人自己没本事的，非说女人败家，可怜那女人只是多买了几包零食而已。

只要命运降临到自己身上的灾祸，就一定是女人的错。

在古代也有很多，什么女人上船不祥啊，见女人准没好事啊！这种封建的遗毒，养成了直男癌的基因。

直男癌的第三个特点：

越是直男癌，就越是没出息。他们嘴上很霸道，但手上一点儿本事都没有。

这不是一个绝对的现象，但有相当一部分直男癌是这样的。他们不是因为自己有本事，自己事业成功而变成直男癌的。

恰恰相反，他们在外面受了气，在外面被欺负，竟回家欺负自己的老婆。

老婆只是他们人生失败的出气筒而已。

所以，千万别以为嫁给直男癌会有好的生活，他们会把事业搞定，等等，就像嘴上说的那样。

他们能带给你的，只有毫无道理的斥责和奇葩的价值观，因为他们感觉到自己已被这个世界抛弃，所以才要折磨你。

Chapter 09

妈宝

离开妈就没法生存的男人

五秒钟看懂男人

秒懂男人之九：妈宝

特征： 所有的妈宝都一定会有个宠爱、照顾他们的妈，其中尤其以单亲家庭最为严重。妈宝的母亲，会把儿子当成全世界最好的男人，觉得没有人配得上她的儿子。

妈宝几乎所有事情，都会告诉自己的妈。凡是处理不了的问题，都会让妈来处理。

只要母亲反对的事情，妈宝就一定会反对；凡是母亲赞成的事情，妈宝也毫无能力抗拒。

爱情密码： 爱上他，不如爱上他妈。

真实的故事

秒懂男人之九：妈宝

这一章节，要谈个最近十几年出现比较多的男人种类，叫作妈宝。

上一章的男人叫小蛮，这一章就化名小宝。虽然是化名，但所有的故事，都来自真实的案例。

小宝出生在东北人的家庭，但生活在南方。

在小宝十来岁的时候，父亲不幸去世，母亲带着他改嫁到了南方。

由于后爸是南方人，而且小宝的母亲害怕儿子吃亏，所以处处表现得非常强势。在新家庭中，依旧是小宝的母亲说了算。

母亲对小宝可算是宠爱有加，那真是含在嘴里怕化了，捧在手里怕摔了，光一个读书的问题，就不知道出了多少幺蛾子，选学校，选老师，选教室，选同桌，甚至连学校里小宝朋友的爹妈都做了调查。

这么看顾着儿子，小宝当然是循规蹈矩，从来不敢越雷池一步。

读完高中，本以为可以自由自在了吧，恰恰相反，母亲强行要小宝降低志愿，考同城的一个大学。

直接从一本降低到二本，做妈的不是不想让儿子上好学校，而是她听了太多小孩上大学后变坏的例子，觉得儿子还太小，要是学坏了，那还不如读差一点儿的学校呢！

所以，小宝上了本城的大学。在开学那一天，他妈带着小宝去报名，然后帮他到大学宿舍里面铺好了床，打好了水，买好了饭卡，然后把儿子留在那里待了一晚。

从第二天开始，小宝就成了走读生，天天回家睡觉。

因为他妈发现，儿子的身上，被蚊子咬了三个包。9月秋蚊子厉害啊！他妈说，小宝从出生后，就没有被蚊子咬过。那都是什么破地方，不住了，回家住。

这下好了，小宝人生里第一次有可能独立的机会被扼杀了。大学四年，他只在学校里读书，一放学就得回家。

他妈不让他谈恋爱，甚至都不怎么让他和同学过多交往，说是现在坏人多，看他是本地人，会骗他花钱请客什么的。

大学毕业之后，小宝其实也没有学到什么，也没有啥人际关系。但没关系，他有个好妈啊！

他妈直截了当地帮他找好了工作，还铺通了路子，从上司到上司的上司，全部都是自己的关系，小宝只要去那儿上班，就一定是安安稳稳的，什么事情都不会出。

时至今日，小宝对母亲管理的这一套早已经没有反抗的意念了。

反倒是觉得，自己母亲说的都是对的。譬如说同学会吧，别人去同学会都得穿得好好的，各自吹嘘自己工作多好啊！小宝的妈说了，万一别人知道你好了跟你借钱呢？所以让他穿得破破烂烂的骑着自行车去。

譬如他母亲觉得，公司里的女人，都是贪图他的家财权力，是不会好好对他的，所以他从来不敢和女同事交往。

现在小宝三十一岁，可依旧没啥生活能力。他每天出门的衣服，需要他母亲给拿好，还要帮他扣扣子。别说洗碗、洗衣服了，连盛饭都不知道电饭煲怎么打开，每顿饭自己只管吃，有母亲张罗着给他盛饭布菜。

小宝每天去上班，必定要吃完早饭，然后带上母亲做的午饭。上班坐的是租来的专门司机和专车。

他家不是没钱买车，而是母亲担心小宝开车会出车祸，所以干脆给他长年包车。

有几次流感什么的蔓延，母亲就干脆不让小宝上班，请了一个多月的假待在家里面。

在这样的精心照顾下，小宝终于成功地变成了温室里的花朵，连一点点风吹雨打都经受不起。

但就算再花朵，他也有到春天的时候啊！

前几年，小宝不知道看了什么坏片子（母亲语），变得春心荡漾，一心想要谈恋爱。那时他上下班的时候，经常会遇见一个姑娘，据说长得很好看。

而且小宝说，那姑娘每次看到他，就对着他笑，一定是对他有意思。

所以小宝就爱上了对方。

但问题是，小宝根本就没有去搭讪的勇气，他又怎么能认识那个姑娘呢？

他唯一的办法就是，回来找母亲求助。

母亲虽然不开心儿子自己找对象，但毕竟是儿子的情窦初开，当妈的无论如何也是要出手的。

母亲大人就开始到儿子公司门口蹲守，功夫不负有心人，花了一个礼拜时间，终于等到了那个姑娘。她果然就大着胆子冲上去，找姑娘要联系方法。

姑娘当时还莫名其妙呢，结果小宝母亲却直言不讳，说姑娘你既然喜欢我儿子那么久，今天就给你个交往的机会。按理说你的条件是进不了我家的，但陪我儿子谈谈恋爱还算够格。

姑娘被气得差点儿报警，叫来保安后才晓得是怎么回事。其实这姑娘哪儿看上小宝了啊，根本就是她为人阳光，一直面带笑容而已，是小宝自作多情，以为对方在朝他笑。

搞出这么大乌龙，小宝一家都成了笑话。母亲却非常不忿。

她觉得自家儿子是何等的优秀，简直是天上有地下无，给那姑娘一个谈恋爱的机会，对方就该跪下感恩，居然还敢不喜欢小宝，这姑娘绝对是瞎眼了。

经过这件事情后，小宝再也不敢自己去谈恋爱了。直到过了三十岁，他母亲开始着急起来，毕竟传宗接代是大事情啊！

于是就给小宝安排各种相亲。

小宝母亲提出很多对姑娘的要求，首先是要大学毕业，研究生为佳，因为要考虑到未来的基因。自己儿子这么聪明，如果媳妇智商不够的话，岂不是影响孙子？

其次呢，身高一定要超过一米六五。因为小宝本身不高，为了家族基因考虑，要中和一下。

再然后呢，姑娘一定要正直，什么会唱歌跳舞的不要，什么会喝酒的不要，什么脾气差嗓门大的都不要。

按照这个条件，倒是有不少姑娘，可她们看到小宝后就非常纳闷，她们想不明白啊！你一个普通二本毕业的学历，凭啥非得要个研究生呢？你自己身高都才一米六五，凭什么要找个比你高的姑娘啊？

小宝母亲对介绍人说自己儿子那是一个花团锦簇，什么聪慧无比，从小就是少年天才，什么上知天文下知地理，什么长得比刘德华还要帅，连一点儿缺点都没有，是最完美的男人。

结果人家姑娘跑来一看，什么啊，根本就只是个矮胖子嘛！

这种货不对板的事情发生了好几次，介绍人受不了了，要小宝母亲实事求是，并且降低要求。

可小宝母亲真的不是撒谎，她是真心实意觉得自己儿子有那么好。两三岁就会背古诗，难道不是天才吗？和儿子聊天他什么都懂，难道不是上知天文下知地理吗？像小宝这样子，难道不是比刘德华还帅吗？刘德华瘦了吧唧的有什么好？

花了蛮长的时间，小宝终于找到了女朋友。这女孩子在母亲眼里的确稍微普通一点，配不上自己的儿子，但为了繁衍后代，也就算了。

但在谈恋爱之前，当妈的和那姑娘长谈了一次，内容无非是将来要怎么照顾小宝。结论就是叹口气说，小宝还是个孩子，值得姑娘好好呵护。

这姑娘当时居然就忍了。

所以我常说，女孩在谈恋爱的时候，几乎没啥理智可言。平日里别人一眼能看出来的问题，她就死活反应不过来。

反正两个人就开始谈恋爱了。谈恋爱过程中，小宝一直要住在家里也就算了，每次约会都要姑娘回家吃饭也就算了，到了家还得当着他妈面给他盛饭夹菜，这也就算了。

真正让姑娘爆发的是，有一次小宝他妈悄悄地约姑娘谈话，而谈话的内容，居然是各种生理常识，什么纵欲伤身啊，什么男人一滴精十滴血啊什么的。

姑娘刚开始还摸不着头脑呢，后来才明白过来，原来这个礼拜，她和小宝上了两次床。

而小宝什么都会跟自己妈说，连一礼拜两次房事都老老实实地交代。他妈一听房事如此频繁，当时就着急了，赶紧找姑娘，让她注意，不要让小宝伤身。

这姑娘当场就翻脸了。这要是还能忍下去，那这女人就活该被妈宝给祸害死。幸好她幡然醒悟，这才及时地逃离了魔爪。

后来我们听说，小宝结了一次婚，但没多久，就在他妈的一力主张下，离婚了，之后到四十岁，他都和自己的母亲幸福地生活在一起。

五分钟看懂男人

秒懂男人之九：妈宝

妈宝的第一个特征：

凡是妈宝，都一定有个宠爱、管理、照顾他的妈。

我们每个人都有母亲，基本上所有人的母亲都是宠爱、照顾孩子的。这不仅没有问题，而且是人性。

但妈宝和母亲的关系与众不同。他们的母亲，心里只有一件事，那就是儿子。儿子是天，儿子就是世界的一切。所以，她可以为儿子完全毁掉自己的生活，也可以为儿子毁掉别人的生活。

只要是儿子说的，就是对的；只要是儿子想要的，别人都应该牺牲。

这是为了儿子可以毁天灭地的母亲。

妈宝的第二个特征：

母亲对于儿子会有毫无理智的高评价，并且让儿子也深信不疑。

几乎每个妈宝的母亲，都会觉得自己儿子就是全宇宙最好的男人。

在这个世界上，根本不可能有第二个人可以超越。

但凡是客观数据上比自己儿子好的，都可以找出他们更严重的缺点，甚至是编派出各种缺点来。

而对于儿子的这种评价，也会从小就灌输给孩子。

所以，你可以从妈宝的身上，看到各种毫无道理的自信。

他们明明有很多不足，却觉得这些都是自己的优点。他们这么想的证据也很简单，就是“我妈说的”。

妈宝们对于这个世界的评价体系、他们的价值观，都是来自母亲。母亲觉得他最好，他就是最好的。

妈宝的第三个特征：

妈宝们几乎任何事情都会告诉母亲。

我们小时候在学校被欺负了，一般都是告诉老师，或者回家告诉家长。这种事情到了一定年纪，就不会再做了。

但妈宝不同，他们生理上长大了，心理上从来没有长大。

他们无论遇到什么事情，第一反应就是会去告诉妈。无论是工作上的，感情上的，任何事情，就没有妈不知道的。

像小宝这样，把房中秘事告诉母亲的，其实并不少见。有时候，就算妈宝不说，做母亲的也会问起。

如果你和妈宝在一起，就别指望着有啥私人秘密。你今天吵完架，不用到明天，他妈的电话就已经上门了。

妈宝的第四个特征：

妈宝永远都听妈的，只要他妈要他做什么，他就没有任何能力反抗。

因为妈宝从小就生活在母亲的照顾宠爱中，所以他们其实并没有任何能力离开母亲的势力范围。

这就像是你一出事就告诉老师，那老师让你干吗你就必须干吗。

大部分的妈宝，一方面是妈的宝贝，另一方面也是妈的附属品。

所以，如果有人想要和妈宝在一起，唯一的可能性就是和妈搞好关系。

如果妈喜欢你，这个男人不管怎么样都会和你在一起的。

但若是妈不喜欢你，要这个男人和你分手，这个男人就算爱你爱得死去活来，也一定会分手的。

而且他们根本不会把这当成不对的事情，只会觉得是孝顺。他母亲也不会觉得这是不对的事情，只会觉得是为儿子好。

到最后，唯一受伤害的就只有那个女人了。反正对方是母慈子孝，而被抛弃的姑娘只能是坏蛋了。

Chapter 10

小鲜肉

小鲜肉使用手册

五秒钟看懂男人

秒懂男人之十：小鲜肉

特征：小鲜肉们因为从小就被女人包围，有各种各样的女人宠爱他们，所以对于女人完全不重视、不珍惜，甚至还会歧视女人。

小鲜肉的心，已经被女人的宠爱而变冷了，你做再多，也不可能焐热他们的心。

而小鲜肉几乎百分百是自私的，他们的人生和他们的世界，都是围绕自己转的。你不用指望他们可以为你付出什么，永远都是你在付出。

爱情密码：小鲜肉可以吃，但千万别指望留。要想留住小鲜肉，是把自己当牺牲品；要想吃掉小鲜肉，那就把他当过路客。

真实的故事

秒懂男人之十：小鲜肉

近几年，小鲜肉这个词，火得一塌糊涂。

从前我们叫帅哥的，现在都变成了小鲜肉。

小鲜肉的特征呢，简单来说就是四个字："高""帅""瘦""嫩"。

基本上，只要是有少女心的女孩儿，就很少有不喜欢小鲜肉的，那么小鲜肉究竟是什么样的男人呢？

我们来看看某个小鲜肉的成长历程。

这个男孩小多，出生于广东某城市，家境尚可，父母一个经商，一个老师。因为父母本身就属于帅气靓丽的品种，生下来的小孩，又结合了两个人的优点，自然是好看异常。

小多刚出生的那一天，据说就在医院的妇产科引发了围观风潮。用几十年从医经验的妇产科主任的话说，她从来没有见过长这么好看的婴儿。

由此可见，小多的好看是天生的，而不是靠后天整形。

小多的整个童年，是在幼儿园以及小学老师的宠溺中度过的。虽然那时候还看不出未来帅气的程度，但粉雕玉琢的样子，让老师们难以自禁地喜欢他。以至于幼儿园的时候，是被老师抱着上课上了几年的。

到了初中、高中的时候，小多开始发育，这也是他人生的一个转折点。

有许多男生，在发育期的时候会慢慢长矬，会满脸冒痘。

而小多呢，他的变化首先是长高，非常高。

刚上高中的时候，他已经一米八，而高中三年后，竟然长到了一米八九，而且主要长的就是腿。他的腿已经长到课桌都放不下，必须要伸到前排的椅子下面，让一群姑娘上课就整天看着流口水。

小多的五官轮廓也变得越来越深，整张脸长开之后，竟然有点像混血儿，而且皮肤细腻，一点儿青春痘都没有，是那种一掐就能出水的嫩。

用当时同学的话说，小多根本就不像是普通的人类，而是从漫画里面走出来的人。

后来小多真的去玩COSPLAY，戴上蓝色的美瞳，妖艳忧郁的眼神，高挺的鼻子，尖尖的下巴，让他真的比漫画更漫画。

这么一长串，就是为了要证明小多是个不折不扣的小鲜肉，而且还是能迷死所有女人的类型，高、帅、瘦、嫩，四个字都占全了。

而这个样子的小多，必然会有无数的姑娘扑上去。小多人生的第一次，是在初三完成的，被一个高中姑娘硬生生扑倒。后来，小多才明白，原来自己已经可以有性欲，可以有女人了。

上高中后，他的女人越来越多。基本上不管到哪里，身边始终会围满一堆的姑娘。他根本不需要去追求人，自然有大把的人围上来。

这还算是正常的。

上了大学之后，小多成绩一般，考了个二本的文科学校。当时高中的许多姑娘，为了他专门改专业，甚至还有降低志愿的。

这件事情，还在学校里闹得沸沸扬扬，成为一个传奇。

进入大学，小多很快就有了女生的后援团。而因为个子高会打篮球，所以篮球场往往成为女生聚集最多的地方。

每当小多撩起衣服擦汗，露出腹肌和人鱼线的时候，场边就会有一片尖叫声，比赢了比赛还热闹。

在这样的情形之下，小多养成了一些奇葩的性格就很正常了。

他谈恋爱，是从来不公开的。女朋友必须要忍受不能公开约会、不能告诉别人、不能让别人看到的几条规则。

当然，他的理由是未免伤害到别人。没办法嘛，实在是追求者太多，万一让人知道他有了女朋友要自杀怎么办？

然后呢，女朋友必须要伺候好他。小多是从来不自己洗衣服、自己做饭、自己切水果的，因为一直以来有足够多的女性围在身边，根本没有什么需要他做。都已经得到了他，那个姑娘难道还不应该好好地照顾他吗？

还有就是不能管他。毕竟是年轻人，经常泡个吧，去个夜店，也总难免喝醉或者彻夜不归，这都是一个人的自由，如果要剥夺小多这些自由，那他为什么要谈恋爱呢？

更重要的一点是，恋爱的对象绝对不能跟小多要钱，而且还要经常贴补钱给他拿去玩乐享受。因为他是要过享受的生活的，但又不负责赚钱，不跟女人拿跟谁拿呢？

这几条规则摆出来，如果没有看到小多的话，大概所有女人都炸了。简直“丧权辱国”到了极点，这叫什么谈恋爱嘛，这根本就是找了个隐姓埋名的女仆，而且还要赚钱养他。

可最奇葩的根本不是小多，最奇葩的还是那些姑娘。

几乎每一个听到这些条款的女孩，都忙不迭地答应了，而且还尽心尽力地做得更好。

在这些姑娘看来，只要能得到小多，只要这么帅的男人在自己身边躺一天，她就可以去做任何事情。

所以，小多的每一任女友都是心甘情愿的。而且小多脾气不好，有时候急了还打人，打完人后自己倒还生气，有的女孩还愿意下跪来哄他。

为什么女孩可以为小多犯贱到这种程度呢？

用一个小小的片段就可以解释。

有一次小多去酒吧玩，看到有个姑娘一直在看他，于是跑去勾搭了人家两句。

那姑娘一看到小多的脸，就脸红得不行，身体发烫。

小多直接跟对方说，只一夜情，不谈恋爱行不行。

那姑娘犹豫都没犹豫就答应了。

一夜之后才知道，这姑娘根本不是经常出来玩的，而是一个非常良家的公司小职员。

她根本就没有想过自己会有一夜情，但当时看到小多的脸，就竟然按捺不住心里的欲望，不管对方说什么，她都只有答应。

这就是所谓小鲜肉的威力，但小鲜肉是不是真的好呢？

小多拥有过的女人，据他自己所说，应该已经到了三位数，而说出这个数字的时候，他还没到三十岁呢。

而他爱过的女人，也就是并非单纯有关系，他曾经谈过恋爱，让别人照顾过他的，有超过二十个。

好几个女孩曾为他自杀，好几个女孩曾为他得抑郁症，而他从未对谁感到愧疚过。

用小多的话来说，天底下女人这么多，他为什么要苦苦地喜欢一个人呢？这个人对他好，他就多留一会儿；这个人对他不好，他就早点儿走。

关键是要让他开心，要让他爽。

五分钟鉴定男人

秒懂男人之十：小鲜肉

如果你曾经和小鲜肉们有过交集，会发现他们有个共同的特点，那就是基本上说什么和表达什么态度的时候，都是说“我”。

他们考虑问题，永远都是从“我”的角度出发，而不会去考虑别人。

所以小鲜肉最大的特征，并不是高、瘦、帅，而是“自私”。

如果从性格成长角度来分析，小鲜肉的自私，是有固定成因的。

你可以观察一下，在中国的教育体系中，女性占据了绝大多数，尤其是从幼儿园到小学，女老师的数量是绝对多数的。

小鲜肉们由于从小就长得好看，长得讨人喜欢，所以会成为女老师的宠儿。

在幼年到童年最重要的心理成长期中，女老师们的宠溺，让小鲜肉们形成了一种“我是全天下最好的，所有人都要围着我转”的心理状态。

而这种心理状态，在成年后并不会有所好转。

因为当小鲜肉性发育成熟后，有更多的女人围着他们，愿意为他们犯贱。在长期受宠的状况下，他们又怎么会真的为一个女人低头呢？

所以小鲜肉的另一个特征就是，“不尊重女性”，甚至“歧视女性”。

因为他们从小到大，遇到的女人，以及对他们好的女人太多了，各色各样的女人都见过。女人对于他们来说，不是什么稀缺资源，而是多到快溢出来的东西。

所以许多屌丝男人，为一个姑娘就可以付出所有，原因就在于他们缺。

而小鲜肉一点儿都不缺，自然不可能为姑娘付出任何东西。他们唯一做的事情就是，肆无忌惮地掠夺。

最后，小鲜肉们的特征是：不珍惜。

他们受到别人的照顾太多了，别人对他们的好也太多了。你对一个普通男人，做个饭啊，做个家务啊，都可以让他们感动很多。

可小鲜肉们遇到的为他们自残，为他们自杀，为他们文身的人都很多，你做区区一点儿小事，又怎么会让他们感动呢？

因为什么都收到过，所以对礼物不珍惜；因为什么女人都有过，所以对爱情不珍惜；因为什么感动都有过，所以对付出不珍惜。

如果你要找一个小鲜肉，你就得明白，你会成为一个完完整整的牺牲品，他是不会珍惜你的。不是针对你，而是他不会珍惜任何女人。

小鲜肉就是这样一种生物，他们是从小就被宠坏的孩子，他们是在女人堆中长大的，他们是不会感恩、不会珍惜甚至不会关注你的。

最后能够征服小鲜肉的，往往不是美色和爱情，而是金钱。所以小鲜肉们最终的归宿，都是找到一个有钱的女人。对他们来说，结局就是让自己过上衣食无忧的好日子。

没错，小鲜肉一般都很穷，他们虽然长得好看，但由于从小到大被人照顾得很好，所以好逸恶劳，不会为赚钱和生活付出过多的努力。在这种情况下，除了靠外貌以及靠女人之外，很少能找到赚钱的方法。

最后说一下小多的结局。虽然他身边姑娘多，但姑娘又不能当饭吃。普通姑娘对他好，可供不起他奢侈的生活。

所以小多走上了傍富婆的生活，在各种富婆圈里打转。

而富婆的圈子也是很现实的，她们是一个消费各种小鲜肉的群体，铁打的营盘流水的兵，小鲜肉只要不够嫩，就会迅速被淘汰掉。

小多开始对自己的外貌有危机感，于是学着别人去整容，希望可以把帅气的外貌留得更久一点。

用外貌来诱惑人的，必然被外貌所累。

小多做过一次整容后，就再也收不住脚步，越做越多，甚至每个月都在做调整。

当然，短期之内，他的外貌确实有了突飞猛进的进展。如同瓷娃娃般的容颜，让富婆们趋之若鹜，为他大把大把地撒钞票。

但没过几年，整容的后遗症就开始显现。他的脸庞肌肉僵硬，很多整容的部位都出现了下垂、松弛的现象。

小多只能用更多的整容数量来维持住自己的外貌，但外力使用越多，他的容貌遭受的摧残就越多。

到最后，他彻底地残掉了，也迅速地被富婆圈抛弃。

而那个时候，他被检查出得了艾滋病。

相信小多是很后悔自己这一生的，遇到过那么多真心对他的姑娘，可他一个都没有珍惜，到最后，硬生生地被那些不珍惜他的老女人给摧毁了。

但那又有什么办法呢?

有时候是性格决定命运，有时候是外貌决定命运。

好外貌，也不一定有好命运啊!

Chapter 11

备胎男

你 能 遇 到 的 最 好 的 男 人 .

五秒钟看懂男人

秒懂男人之十一：备胎男

特征：愿意为爱人改变自己的人生，改变自己的命运。只要是对爱人有好处的事情，他什么都愿意去做，甚至牺牲自己都可以。

备胎男并不太会泡妞，也不会激情燃烧，他们只是用稍凉但会让你舒服的感觉，留在你身边。你感觉不到他们的火热，可不代表他不爱你。只是他爱你的方式，是改变自己，更适合你。

恋爱密码：遇到这样的人，千万别错过。

真实的故事

秒懂男人之十一：备胎男

人体最适合饮用的水温是多少？科学家说是二十八度。

因为这个温度的水，不会刺激肠胃的蠕动，也不会造成血管的收缩，而且很容易被身体的细胞吸收利用。

所以，水不是越凉越好，也不是越烫越好，更不是和人体温度一样的温暖就好。

而是有一个科学的、可以对你身体最好的温度。

有时候，你自己都不知道这个温度最好。

男人也是这样，最好的男人，就是这样二十八度的备胎男。看不出来是好的，却真的让你的人生变得好起来了。

在这里，就要讲一个备胎男的故事。

首先介绍一下这个故事里的女主角，名叫小礼的姑娘。

小礼很好看，从小就是那种去动物园能让孔雀开屏、上公交车能引来猥琐大叔的美女。

不说倾城倾国吧，至少读书以来，班花、校花始终没跑。

这么好看的姑娘，追求的男人当然不会少了，从小学高年级开始，就有各种高年级的学生来追求她。

小礼家有一户世交，家里有个儿子，比小礼大两三岁。由于熟稔，从小两家还开玩笑说定娃娃亲，当然这也是不作数的。

这个男孩叫程潜，因为比小礼大，而且又是从小熟识，所以经常帮小礼挡开那些男生，也时常照顾小礼。

在这种情况下，程潜是理所当然会喜欢上小礼的。但悲惨的是，小礼从来都把程潜当成哥哥，当成好闺密，连一丁点儿动感情的念头都没有。

不仅如此，小礼还会把自己对别的男生的心思啊、萌动啊，甚至是恋爱啊，都会告诉程潜，听他的意见。

程潜也没法子跟小礼摊牌。因为两户人家太熟悉，程潜特别担心，如果真的让小礼知道他一直喜欢着她，肯定会从此老死不相往来，他冒不起这个风险。

所以从小礼初中开始，程潜就只能默默隐藏自己的爱意，唯一敢于表现出来的，就是依照着小礼的心愿，做一点点的小改变。

譬如初中的时候，小礼爱看《灌篮高手》，程潜就去学打篮球，而且是废寝忘食地训练，最后还打进了校队，成为一名主力。后来几年上大学，还曾经发光发热，惹来不少小师妹的追求。

不过后来，小礼又不晓得爱看什么漫画，转而喜欢西装革履男。程潜就缠着家里人，找尽各种借口去买西装，穿给小礼看。

只可惜，完全是抛媚眼给瞎子看，小礼照样迷心目中漫画人物一样的人，哪里顾得上身边的人。

上了高中后，小礼开始恋爱，而恋爱对象是那些帅气的潮人，跳街舞啊，玩死飞啊，说唱啊，这类走在街头时尚前沿的，小礼看到了就各种星星眼。高中三年，两个男朋友，都是这种类型。

潮这种事情，就不是程潜能学的了，而且那时候，他已经上了大学，离小礼比较远，也没办法帮她挡人。

所以程潜换了一个路子，他不再去考虑小礼喜欢什么，毕竟是个小姑娘，喜好变换太快，怎么也没可能跟上人家吧！

程潜就想着，小礼这么喜欢唱歌跳舞，那以后肯定是要从事艺术行业的，所以程潜居然在大学里，强行转了专业。

他以前学的是金融专业，全家上下都一致同意，觉得前途大大的。而程潜脑子抽风之后，觉得小礼喜欢艺术，就转去学了艺术学。

这件事情，让全家上下都无法理解，惹出了轩然大波，甚至连小礼的父母都劝程潜不要这么任性。

金融不管怎么样都是热门行业，最次，也能进银行啥的吧，而艺术学到底是个什么鬼？艺术学学什么啊？艺术学毕业后去哪儿工作啊？谁都不知道。

在一片反对声中，只有小礼给程潜点了赞。反正她也不知道艺术学是个什么鬼，只是觉得“艺术”两个字听起来蛮高大上的，所以就支持程潜转专业。

有了小礼的支持，程潜就完全义无反顾地去做了。

第一年的金融，之后三年的艺术学，程潜花钱花时间，去学了一个冷门的专业。直接带来的结果就是，毕业之后，程潜几乎找不到工作。

他从前学金融的那些同学，正好碰到资本市场大发展的好时机，于是去了投行，去了各种基金，去了各种银行，每个人的年薪和前程都是镶着金边的。

程潜就没办法了，他想要进大学，但大学选老师都是博士起步；他想要进报社，可报社要的都是新闻专业的。艺术学看起来好像包罗万象，但真的到应用的时候，哪个专业都对不上口。

最后程潜只能进了一个小网站，去当个小编辑，幸好门类是娱乐，也算和艺术沾边。

到小礼考大学的时候，正是电视剧火热、演唱会爆棚的时候，各路偶像明星层出不穷。

小礼长得这么好看，自然身边有人撺掇她也去试试看。于是小礼开始各种地考北影中戏上戏，就想着以后能拍戏，能走红，能成为明星。

但这些学校哪有那么好考的，小礼从小就没有受过音乐和舞蹈的专业训练，也不会画画写字什么的，在艺考上基本拿不到很好的成绩。她所能倚仗的，无非就是长得好。可这种好看，也无非是他们那边的层级，放到全国，大概也不够看吧！

所以小礼的考试处处碰壁，跑到全国去试试看，才知道自己的斤两。

程潜看在眼里，急在心里。

他原本是没有什么办法的，可幸亏开始当娱乐编辑，总算认识了一些经纪公司和影视公司的人。

程潜悄悄地把小礼的照片和模卡发给各个公司，倒真的有几家有点兴趣，发了通告让小礼去拍模特照，以及上一些小的综艺节目。

小礼这才晓得，原来不需要上那些艺术学校，她也是可以出名的，也是可以入行的。

有了这些机会之后，小礼疯狂地投入进去，甚至连大学都想放弃。这下程潜就真的紧张了，他干娱乐编辑才几年，可见过太多像小礼这样不读书，一门心思做模特做艺人想红的。

可是这中间，有几个是真的能红呢？不要说百分之一，就连万分之一恐怕都没有吧。真正一二线的大明星，都是正儿八经学出来的。

光靠一张脸，可脸始终会老的啊，不付出更多，不学更多怎么行呢？

当时的情况就是，小礼打算不报志愿，专心做艺人，无论家里人怎么劝，她都死活不肯听话了，甚至要打起小包包，从此离家出走。

而程潜则刚刚被网站的老大相中，让他统管整个娱乐栏目，做娱乐主编。业内人可能知道，当一个网站的娱乐编辑没什么了不起，但做到娱乐主编，那就是各个公司都要奉承讨好的人物了，至少月礼年礼是绝不会少的。

就在这个关键时刻，程潜又做出了一个让家人意想不到的举动——他毅然从网站辞职，辞去娱乐主编的工作，然后跑回小礼身边，提出愿意做她的经纪人兼助理。

小礼就算再不懂事，也知道人心的好歹。她晓得程潜对她有多好，那些什么机会啊、人脉啊，都是程潜拿着自己的脸面换来的。现在程潜好不容易能混出头，又放弃来给她做经纪人的话，那就是前功尽弃。

经纪人说起来好听，可那是给大明星当才好的。小礼这种连出道都不算的小丫头，有什么资格有全职经纪人呢？别说前途，大概连收入都很难有吧。

不过程潜好像是铁了心，非要带小礼走这条路了。他提出的要求也很简单，小礼不能放弃读大学，哪怕只是在北京读一个三本，也必须要念书。

演艺路上的一切杂事，程潜都会搞定；所有的机会，程潜都会把握，但小礼必须演艺和读书两不放弃。

这个条件，小礼没有什么理由不答应。

关键是两边的父母，原本很反对小礼走这条路的，现在程潜站出来，也就没什么话可说了。小孩子自己不知道程潜什么意思，父母辈的可是再清楚不过了。小礼的父母心里面早就认可了程潜是自己的女婿，既然小两口要一起打拼，女儿又不会放弃读书，那还有什么可说的呢？

程潜的爹妈是很不甘心的，他们觉得儿子这辈子算是砸在这姑娘手上了，幸好小礼也是他们看着长大的，算是知根知底，也就一声叹息没法管。

但问题是，几乎所有人都晓得程潜的想法，而且大家都认同了程潜和小礼的关系。

小礼自己却不知道，或者说，她根本就不想知道。

没错，她确实把程潜当成自己最亲的亲人、最爱的哥哥，甚至睡觉、洗澡、换衣服都不怎么躲着人家，但小礼就真的毫无恋爱的念头。

不仅没有谈恋爱的念头，好像就为了让程潜死心，小礼基本上就没有断过男朋友。

这些男人，有小礼的同学，有外面认识的模特、演员，有导演，也有一些做生意的和富二代。

小礼倒是真没有为了钱和谁谈恋爱，可长得好看，又在这个圈子里，认识的基本都是这样的一群人。

程潜毫无办法，他真的是一点点办法都没有。

他自然是非常伤心难过，尤其有时候要接送小礼去约会。有时候小礼被男人甩掉了，他还要陪着她彻夜痛哭。

可是程潜离不开呀！

这十几年来，他几乎每一天都是在陪着小礼，都是在围着小礼转。

他生活的重心、生命的意义，就是小礼。他毕生的爱，都给了这个姑娘。

所以，他宁可亲手把自己爱的姑娘送进别的男人的公寓，也好过从此之后再也看不到对方。

这种内心的折磨，没有真正爱过的人，是不可能懂的。

如此一晃多年。

小礼没有成名。程潜花了几年时间，在这个圈子里也算结识了不少的关系，也帮小礼找到了蛮多的机会，有电视剧，有电影，有唱歌，有主持。

基本上能找到的机会都找了，该上的戏也都上了。可是一个人要走红，哪有那么简单。

到最后，无非是在圈子里混了个脸熟，而圈子外，大家照样不知道小礼是谁。

像她这样的姑娘，到了二十七八岁，如果再混不出来的话，惯例就是找个有钱的男人嫁了，然后回家当阔太太，高兴的时候，再出来拍点戏、接点活儿。

小礼也面临着这样的选择。毕竟打拼的时间长了，她也了解了这一行的辛苦，而长年累月地看不到自己的前景，她终于也明白，其实自己是真的没办法做大明星的。

幸好这几年还有一些风光，也有漂亮的皮囊，所以小礼要嫁人肯定不怎么难。

她放出风声去，打算到年底前嫁人，顿时就有一群候选人扑了过来。

任何圈子，都会严重地改造人，尤其是年轻小女孩，经历过如此多的灯红酒绿，见识过那么多的人情冷暖，人就会变得很现实。

在那一堆人里面，当然有帅的、有实力的、有钱的、比有钱更有钱的。在这一堆人里面，小礼选择了最有钱的那个。

某个做电力设备的超级大老板，家财大概以十亿计算，离过两次婚，今年五十岁。

小礼做选择的标准也很简单，她知道自己的美貌是有时效性的，既然没办法在明星这条路上走得更远，那就让自己的将来衣食无忧吧！

之后的事情顺理成章，小礼和那个大老板也别说恋爱了，就是把结婚的事宜谈好，双方见完父母。小礼的爹妈自然会愤怒，可大老板表现出来的诚意和实力，也是让人震撼的。

在这件事情里，最好的一个消息就是，这个土豪老板是真心喜欢小礼，所以应该能让她平安富贵地过完一生。

小礼总算是有个结果，而且这个结果在圈子里众人是极看好的，姑娘们羡慕得都只有流口水的份儿。

而对程潜来说，却像是个灰暗的梅雨季节。他陪着小礼和那个大佬谈完结婚的事情后，终于作出了决定，他写了一封信给小礼，然后抽身离去。

在这封长信上，程潜写了这么多年的心路历程，从高中时开始，自己是怎么为了小礼去学篮球的，后来怎么学穿西服，然后大学为什么要转专业，后来为什么要去当娱乐编辑，后来为什么会放弃主编的位子去给小礼当经纪人，这些年又为什么会帮小礼挡风遮雨。

而这一切问题的答案，是因为程潜希望自己可以让小礼变得更好，可以让她过上最想过的幸福生活。

这是因为爱，并不是因为占有。程潜说，现在小礼已经有了最好的归宿，无论他再做什么，再改变自己什么，都不会让小礼的生活发生变化。

所以，这将是他离开的时候了。

如果说，程潜之前十多年的生活，完全是为了小礼，他的人生改变，也都是为了小礼，那么，当他再也无法做什么之后，就可以离开，看着小礼继续幸福。

而他，也该安静地消失了。

留下这封信后，程潜就走了，之后一年半时间里，再没有人见到过他。

五分钟鉴定男人

秒懂男人之十一：备胎男

在这里，我们要讲讲什么是备胎男。

之前就说过，人体最适合饮用的水的温度，就是二十八度。因为这个温度的水，最容易被身体吸收和利用，对人最好。

水当然不是天然二十八度的，那是等待和改变，慢慢冷却后，才会让人去喝。

备胎男就是这样，他们可能先天并不一定适合这个女人，但他愿意为了对方而改变。

男人什么时候最可贵？当然是他愿意为了爱情而做出牺牲，让自己变成另外的一种人啊！

就像程潜一样。

当然，从我们的角度来看，程潜是很傻的，几乎完全抛弃了自己的人生，只是为了一个并没那么爱他的姑娘。相信小礼的每次恋爱，对程潜来说都是种自虐。

但毫无疑问，遇到这样的男人，是每个女人一生的幸运。

因为他们并不关注自己的人生，只是把自己当作一块橡皮泥、一杯热水。

备胎男，关心的是爱人的需求。当对方需要这样的时候，那种男人总是会恰如其分地变成这样，然后出现。

最幸福的姑娘，就会享受到这样严丝合缝的温柔。

备胎男，可能不怎么会泡妞，也不怎么受欢迎，因为特别受欢迎的男人，始终都会被其他女人宠坏。

这样普普通通的男人，却愿意为了爱情而努力，努力让自己变好或者变坏。他们最终的目标，不是让自己有多耀眼，而是为了可以更好地让姑娘利用。

这一点，说出来很残酷，也很悲伤，却是现实。

这种程度的爱，就是为了能让对方好好地利用。甚至，他们会觉得，只要能够让人给用上，就是一种胜利和满足。

其实二十八度的不止有男人，更多的还有女人。他们有时候连备胎都算不上，心里面也没有抱什么希望，只是想要为对方而付出，为爱情而改变。

我其实很反对女孩和男人变成这样的二十八度。虽然遇到这样的人，会是我们的运气。

如果你真的义无反顾地变作了备胎女人或男人，真的想要成为对方身体可以吸收可以利用的一杯水，那我必须要提前警告你，那就是必须要值得。因为这样的付出，不是正常的爱情付出。

我们正常谈恋爱，就是花时间、花金钱、花情感，分手了会很伤心，会被浪费青春，但至少，你还有下一次继续的可能性。

但备胎男女呢？他们其实就是用自己的人生来做一场毫无希望的赌博。

他们几乎没有什么赢的可能性，无非就是付出付出再付出，然后看着别人越来越好，越走越远。

到了结局的那一天，他们爱的人必然有了幸福的结局，可是备胎男女呢？他们的人生已经完全地改变了，他们再也回不去了。

所以这件事情最让人郁闷的就在于，人生是不可逆的。当你义无反顾地为此而放弃掉人生之后，以后要捡起来几乎没可能，就算付出几十倍的努力，都很难回到正轨。

正因为如此，我才要劝所有备胎男女，你们一定要争取好的结果，圆满的结果。

你可能不知道，自己所付出的东西，是这一整个人生里，再也不可能重复和逆转的了。你做出的牺牲，并不是某一个决定，不是一个工作，而是放弃了自己。

原本你可能是一颗恒星，最差也是一颗行星。而当你放弃了自己曾经的路，去帮助别人之后，你就变成了一颗卫星，只会围绕着别人转，再也不会有自己的轨迹。

有这样的付出，难道就不应该有好的结果吗？

如果没办法得到回报，那就是不值得。

既然不值得，就不要去做。

有时候，爱情不需要回报。但是你的人生，却需要回报啊！

所以，当你要去做这样的人时，请先想清楚。

而当你遇到这样的备胎男女时，也请好好珍惜。

最后，告诉大家的好消息是，文中的小礼并没有嫁给土豪。她看完信，然后回到老家，洗去脂粉，静静地等了程潜一年半。

程潜周游全国回来后，才发现自己曾经的付出终于有了回报。

他们很快就结婚了。

婚后育有一子。

Chapter 12

偷心贼

他说想娶你，只是想骗你

五秒钟看懂男人
秒懂男人之十二：偷心贼

特征：以结婚为幌子，满口承诺，但从来都不实现。只以上床为目的，一切对你的好，都从得到你为止。上床之后，态度急转直下，甚至会立刻玩失踪。

爱情密码：骗子的爱只是一种占有欲，占有了，你就不值钱了。

真实的故事
秒懂男人之十二：偷心贼

关于上床，是在“陆琪牌吐槽”里经久不衰的话题。

基本上每个姑娘，只要是谈恋爱，就会有和上床相关的话题。我们就通过几个吐槽而来的案例，讲一下为什么男人总想和你上床。

现在有一种泡妞的手段，叫“我想和你结婚”。

桑桑就遇到了这么一个追求者。

桑桑是个服装设计师，自己也颇像个模特，一米七几的个儿，长卷发，戴上墨镜，穿上皮裤，那就是艺人的范儿。

不仅有颜值，桑桑更有艺术方面的天分和才华。她设计的作品，在还没有毕业的时候就被不少品牌看上，毕业时候的Offer更是雪片似的飞过来。

不过，桑桑还是选择了做自己的设计师品牌，主要原因也是她家不差钱，一开始就随随便便给她投了几百万，让她创业。

所以桑桑现在就是一个有模特外表，又有艺术才华的设计师和老板。

她的追求者当然不会少，而最近遇到了一个极品。

这个男人吧，年纪已经蛮大了，也算是个小小广告公司的老板，但看着有种痞气。

男人的身高也不如桑桑，生活品质也不如桑桑，乃至于品位各方面都差距甚远。

这就是桑桑第一眼就会把他Pass掉的原因。

不过这个男人胆子倒是挺大，居然在首次对桑桑表白的时候，就直截了当地表示，要和桑桑结婚。

这还真的把桑桑给吓到了，而且对这个男人刮目相看。当然，刮目虽然刮目，但要真嫁给他或者接受他是万万不能的。

桑桑当时也是断然拒绝的。但男人哪里会放弃呢？当然是日复一日地追求，变着法儿、花着各种心思讨好桑桑。

每时每刻，那男人都把桑桑当女神捧着，当菩萨供着，只要桑桑想要的，那男人用尽一切方法都会弄到。桑桑喜欢什么，那男人就一定也要让自己喜欢上。

桑桑自然对那男人没什么感觉，可被人当女神、当信仰崇拜着的感觉确实挺好的，所以偶尔也会跟这个男人约个会，吃个饭，看个电影。

这个男人最大的特点就是喜欢描绘未来，譬如我和你结婚后会怎么样啊，以后我们的家会怎么样啊，以后我们生小孩读什么学校啊，诸如此类。

女孩儿第一次听到这种话可能会觉得唐突，可是熟悉了之后，反而觉得这男人还挺靠谱。因为对女人来说，未来家庭的样子其实是很重要的，她们自己也经常会默默地幻想。

家庭大概算是女人一辈子的归宿。

而这归宿在哪里，谁会不去琢磨呢?

久而久之，这男人书写的未来，就真的被桑桑慢慢接受了，她甚至觉得，似乎这样也蛮不错的。

这儿就要说一个大多数女人的通病了。

女人确实看颜，重视外表。

但她们还有一个更大的特点，那就是会看习惯。

一个女人如果看习惯了某个男人，就不会觉得他丑了。如果还能产生一点点的依恋感，那几乎就会毫无保留地爱上对方。

女人是视觉动物，是听觉动物，但更是被习惯俘虏的动物。

只要习惯了，那外貌啊、感觉啊、条件啊，都不再成为问题。

桑桑就是这样的，她真的慢慢开始接受这个男人了，当然，这接受也算是居高临下的。

她逐渐地把这个男人当作苦力来使用，所谓苦力，就是有资格和她约会，但不算男朋友的类型。

这男人倒是甘之如饴，每天上下班接送桑桑，虽然在身份上没有得到，至少在别人眼里，已经能看到两个人关系的进展了。

这样大概过了一个月，那男人开始尝试着带桑桑出去旅行。

泡妞的技巧无非就是那么几招——

女人讨厌时，就死缠烂打极尽温存。

当女人不讨厌时，就带她去遍尝美味。

当女人慢慢接受时，就陪着她到处去玩。

几乎没有哪个女人能逃得出这温存、吃、玩的三部曲。

桑桑已经经历过温存和吃这两个阶段，终于被人一步步进逼到玩这个阶段。

如果你们仔细去研究下男人的泡妞攻略，会发现这根本就是个攻城略地的事情。和打仗一样，寸土必争，一点一点地往前推进，而且只能进，不能退。

桑桑当时还一点儿都不清楚，自己早就进了罗网，成为别人网中之鱼了。

桑桑当时只是想着，和这个男人也认识那么久了，一直都规规矩矩的，平时对她各种听话、各种下人的样子，而且也约会了许久，要出去玩，那就去玩吧！

于是两个人就去了个不远的地方，住三天。

事情变得很顺理成章，第一天还分床睡，第二天，男人带桑桑喝了许多酒，在酒精麻醉下，桑桑就和这个男人睡到了一起。

第二天醒来，桑桑有没有一丝后悔，这大概谁都不知道，但对于许多姑娘来说，愿意和一个人出来旅行，又和这个人上床了，那就算后悔，也不会太多，最多就是顺水推舟地从了吧！

所以第三天，他们就正式确立了恋爱的关系。那男人极为感动，各种赌咒许愿以后要对桑桑好一辈子。

两人旅行回来后，就正式开始了恋爱。

一般来讲，如果是正经恋爱，男人就算要变，也会经过很长一段时间，热恋期呢，开玩笑，怎么着谈恋爱也有半年一年的热恋。

可奇怪的是，这个男人一回来就迅速像变了个人似的。

首先是他再也不接桑桑下班了，这个也就算了，桑桑也不是那种非要人伺候的姑娘。

然后是这男人再也不提要同居要结婚的事情，而以前他可是天天挂在嘴边的，简直就是桑桑不答应他就跪着不起来。

最后甚至是连约会的次数都大幅度减少了，从前每天都必须要见的，现在呢，两三天见一面，然后找个酒店上个床就好了。

而且就连这个频率都在下降，过了几个月后，变成了每个礼拜见一次，然后睡一次，疯狂地折腾桑桑一次，男人就找各种借口离开，有时候饭都不愿意吃。

桑桑真的有些没搞懂。

她从前的确是看不上这个男的，后来把这个男人当长工和奴隶用。可委身于他之后，桑桑真的想过要嫁给他，打算好好谈恋爱，把从前两个人都聊过的未来一一实现。

桑桑总觉得，在整个恋爱关系里，男人是积极主动的那一方，她是比较被动的那一方，所以只要她变得主动起来，恋爱就会很顺利。

因此回来后，桑桑努力调整自己的心态，让自己也变得主动起来，甚至都暗示了那男人好几次，可以在一起同居，甚至不买房子的话，租个房子都可以。

让人抓狂的是，那男人居然视而不见，听而不闻。

如果只是冷淡，那也就算了，没过多久，桑桑就听旁人说，那个男人居然又在外面到处泡姑娘了，甚至还大言不惭地说自己没有女朋友。

桑桑完全傻了。

但傻了之后，桑桑却并没有完全想通。如果说从前是那个男人爱得多、追求得猛烈的话，在经历了这件事情后，桑桑被内心的嫉妒给逼疯了，她一下子就觉得这个男人实在是自己一辈子的挚爱，自己是绝对不能少了他的。

于是桑桑跑去找这个男人，希望能挽回他的心。

男人倒是真的有些感动，还真的被桑桑给挽回了，甚至还向桑桑道歉。

两个人终于开始同居。这次同居，两个人的地位完全逆转，那男人变成了被动和强势的一方，而桑桑变成了弱势的一方。

桑桑整天在家待着，给男人做饭，帮男人做家务，美其名曰是让男人没有后顾之忧，甚至连自己的事业都不管不顾了。

女人做这种事情嘛，总是一开始能感动人，而之后却被人当作是习以为常的事情。所以桑桑做着做着，就成了家庭主妇，甚至她自己都不晓得是怎么变成家庭主妇的。

如果变成家庭主妇，能够把男人始终留在身边也就算了。

这男人也就乖了半年而已。半年之后，他开始靠着桑桑介绍的各种关系赚钱，赚到钱之后，就整日里去夜总会应酬，外面也似乎有了不少的女人。

桑桑现在是两耳不闻窗外事，哪怕别人告诉她她男朋友如何如何，她也不敢相信。

可那男人却越来越过分，先是把桑桑给搞怀孕了，然后居然带了一个姑娘回家，当着桑桑的面，就和那姑娘在沙发上亲热。

桑桑几乎崩溃了，虽然那姑娘最后还是干不出这种当着人家怀孕女朋友面做苟且的事情，悻悻然地离开了，但那男人居然还责怪桑桑，几乎要把桑桑给赶出去。

到最后，桑桑给那个男人跪下了，只祈求男人不要赶走她。

以上这一段，是我们在陆琪微信里收到的一个故事。为了隐私起见，所以隐去了当事人的名字和身份，但大体的情节就是如此。

通过这个悲惨的故事，我们可以分析出很大一群男人的心理变化。

桑桑本来是很高贵的，她是服装设计师，她有模特般的身材和外貌，她有很好的家世。

这种条件的她，对那个男人本来可以毫不搭理，她实际上也是很看不上那个男人的。

可为什么短短一年的时间，高贵的桑桑，就变成在这个男人面前下跪的女人了呢？

这是从天堂到地狱的转折啊！

为什么高贵的公主会变成地狱的奴仆呢？

桑桑的外在条件改变了吗？

她依旧是服装设计师，依旧有才华，依旧有外貌和身材，依旧有好的家世。

可她改变的是什么呢？只是心态而已。

她从一个被追求者、被崇拜、被宠爱的心态，变成了一个被人拥有、被人奴役、隶属于某人的心态。

所以我经常说，中国女人最坏的心态，就是“性从属”的心态。

当男人还没有和这个女人上床的时候，他们是平等的，也不觉得相互之间有什么了不起的关系，谁都不属于谁。

可一旦上了床之后呢？

这男人就会觉得，女人已经是属于他的了，他占有了这个女人。

而女人也会觉得，她已经是属于这个男人的了，她是这个男人的人。

这不仅是发生在身体上，更是发生在心态上。

“性从属”的心态有很多表现方式——

譬如上床后对男人产生各种依恋，上床后产生浓浓的爱意。

爱情不应该在上床前产生吗？上完床后突然爱情就来了，这不是性从属吗？

再譬如一旦上床后就非得嫁给这个男人，上床后觉得自己不干净了，只有从了这个男人。

这就是把上床和自己的人生归属捆绑起来了，把占有当成了归宿。

“性从属”是中国女人自古以来的心态，算是封建社会的遗毒，到目前还没有清干净。

而这种“性从属”的心态，不仅让女人害了自己，而且还会让男人形成一种心理优势。

所以，你以为男人想跟你上床，是因为爱你吗？

错了，男人想跟你上床，除了泄欲之外，更主要的，是想要占有你。

这就是在“性从属”的心态下，男人的变态心理。他们会把上床这件事情，当作敲印章。

在每个女人身上敲下这枚印章之后，他会觉得自己拥有了这个女人。

所以，相当一部分的男人，他们在追求一个姑娘时，想的压根儿就不是怎么好好地去爱对方，而是想怎么把姑娘骗上床。

桑桑遇到的，就是这样的一个男人。

这男人刚一见面，就和桑桑聊各种未来，说结婚，说孩子。这是真爱吗？

女人可能会把这当成真爱，可如果你仔细想一想，一个男人在还没有了解你的时候，爱上你是可能的，但要你有这可能吗？

根本还不认识，只是见第一次面的时候就说结婚，这根本不是真爱，而是轻浮。

事实上，从开始就说结婚，已经成为男人泡妞的一个手段。

而他们的目的，绝不是真的为了结婚，只是为了上床。只要上完床，他们的任务就完成了，而那个时候，谁还惦记着曾经答应过的结婚承诺啊！

看那个男人所有的手段，包括谈结婚、上下班接送、各种送温暖、到处带着吃饭，其实都是一个目的，就是让桑桑不再讨厌他，可以缓慢地接受他。

而真的可以接受之后，这个男人一天都没耽搁，迅速地图穷匕见了，就要带着桑桑出去旅行。

单身男女出去旅行，还是相互追求的那一种，目的还不就是为了不尴尬地上床吗？

五分钟鉴定男人

秒懂男人之十二：偷心贼

当然，有些男人可能不同意，觉得是个男人都想跟姑娘上床，但真的有人是会结婚，会过一辈子的啊，怎么能把人一棍子打死呢？

当然不可以一棍子打死。

真爱和骗上床的区别，可以通过如下三点清晰地看出来：

1. 真爱和骗子都想和你结婚，但真爱不会从一开始就有各种说辞，他们会慢慢地接触你，了解你，只有发现你真的是他们想要娶的那个人，才会说出口。

而骗子刚好相反，他们才没有时间了解你，都是第一时间给人希望，直接欺骗。因为他们的目的只是为了骗上床，为了占有，根本不在乎将来。

2. 真爱和骗子都会给你承诺，但真爱不是说说就好的，他们有的只做不说，有的做了再说，但都有一个共同点，那就是真的会去做。不管答应了你什么，哪怕力有不逮，也会一点一点地去积累，一点一点地做到。

而骗子刚好相反，他们是只说不做的。当你质疑他们时，他们往往会用更多的说辞来模糊焦点。你以为自己得到了很多，其实仔细想想，什么都只是言语上的承诺，而并没有丝毫的实现。一些姑娘喜欢用耳朵谈恋爱，所以才会上这些骗子的当。

3. 真爱和骗子都想要和你上床，这是由男人的欲望决定的。但两者之间最大的区别，是下床之后的表现。

真爱在上床之前，或许也有急切，或者渴求，但在下床之后，却不会有太多的变化。因为对他们来说，无非是把不确定性变成了确定性。从前一些悬而未决的心思可以放下了，从此以后就只需要去实现自己的承诺就好了。

所以真爱在下床之后会对你更好，会为你做得更多，会和你一起去努力实现你们的未来。

而骗子呢？他们下床之后最多保持几天到一周的原来状态，之后就会迅速地大变脸。有些人可能还有个阶段性，一点点地改变，可更多的人是瞬间就变成了另外一个人。

原因很简单，骗子的目的，就是为了骗到你而已。既然你已经被他骗到手了，那为什么还要在你身上浪费时间呢？当然是越快离开越好。

当看完了以上三点之后，可以很清楚地明白，桑桑遇到的，根本就不是真爱，而是骗子。

所以，根本就不存在怎么挽回、怎么感动、怎么留住男人的问题。这个男人是桑桑根本留不住的，别说下跪了，就算是跪死在那里，也挡不住男人的离开。

而那个男人想要达到的目的，也正是整个故事的结果——他就是要看着曾经高高在上的桑桑，跪在他的面前，竭力祈求他的回头。

这是多么的可悲。

遇到这样的人，千万别想着自己可以放低姿态，从而获得对方的改变。

坏人是恒坏的，他是不可能改变的。

女人越是放低姿态，越是把自己放低到尘埃里，就越是得不到对方的重视和尊重，到最后，无非就是更深地被踩进泥沼里。

张爱玲曾写过那句著名的话，喜欢一个人，会卑微到尘埃里，然后开出花来。

但结果呢?

她被胡兰成狠狠地踩在了尘埃里，再也没有开出花来。

Chapter 13

保守男

保　守　是　因　为　只　想　专　一

五秒钟看懂男人

秒懂男人之十三：保守男

特征：内心保守、身体保守，做人特别没有情趣，不懂给人惊喜，对身体的接触非常腼腆。

见到陌生女人会脸红，在遇到别人追求的时候第一反应必然是拒绝。

当你刚刚见到保守男的时候，几乎会被他气晕，因为他在你面前表现出来的，一定是不好的那一面，让人无法接受的那一面。

但只有在长时间的接触里，你才会发现，他曾经默默地为你做了多少事情，却从来没有告诉过你。

爱情密码：一定要给靠谱的男人以时间，因为他们不懂得在一秒钟内取悦女人，只懂得在长长的岁月里对你好。

真实的故事

秒懂男人之十三：保守男

之前就有个朋友跑来跟我吐槽，说她的男朋友实在是太保守了。

保守到什么程度呢？这个男人从小就被母亲禁止和各种异性接触，所以一直到大学毕业都没有正儿八经地谈过恋爱。

他和女人之间，就连牵手都是一件很隆重的事情。

因为这个男人觉得，陌生女人都是脏的，绝对不可能有任何体液的交换。接吻这种事情，简直伤风败俗到了一定的程度。

他直至大学毕业后两年，才开始谈第一次恋爱。这次恋爱谈得也是磕磕绊绊。

而且那个姑娘似乎也是第一次谈恋爱，所以两个人根本不存在谁教谁的问题，基本上属于两个人在一起摸索身体接触的模式。

具体是怎么接触，以及两个人自学到什么程度，那就不知道了。反正男人的第一次，是给了那个姑娘的，效果如何，成果如何，都不得而知。

但后来，初恋出国了，这段感情就无疾而终。这个保守的男人又沦落到单身狗的状态。

一晃许多年，保守男一直在单着。倒不是因为他条件不够或者没有人看上，他的家世背景和工作都是相当不错的，也一直有人给他介绍对象。

但保守男的要求总是很高，看姑娘的时候，都用选老婆的心态来看，基本上他觉得不适合做老婆的人，连微信聊天都不会多聊，只是见一次就算了。

哪怕是第一次见觉得还不错的，再多交往几次后，也很难继续谈下去。如果不谈恋爱，那这个男人，是连一点点肢体接触都不会有的。

他的想法也很单纯，因为他就是为了娶老婆才找姑娘的，而不是为了泄欲找姑娘。

所以他根本就没有想过要占任何姑娘的便宜，更不要说骗上床了。

我的朋友，也是被人介绍而去相亲的。这个男人也不知道哪根神经搭错了，见第一次的时候，就觉得我朋友很适合当老婆。

当然，男人的外在条件以及谈吐都不错，所以女孩儿也觉得蛮好，可以交往一下。

可哪里知道，第一次约会之后，男人就很严肃地说，两个人既然要交往，那就是以结婚为目的的，但现在他还没有完全确定姑娘是不是适合结婚的对象，所以至少需要几个月的时间来验证。

我朋友是个漂亮的女孩儿，哪受过这气，当时就回了家，跟介绍人说再也不见了。

这还是在介绍人的竭力劝解下，说男人情商低，请多包涵，姑娘才勉为其难地去见了下一次。

没想到的是，这男人说验证，就真的是验证。之后的几次约会，都和结婚有多多少少的关系，譬如做家务啊、做饭啊、买菜啊、生活习惯和娱乐方式啊等。

每次约会都是在验证两个人是不是适合在一起。

当然，也不是要姑娘一个人展示技能，那男人也会老老实实地先展示一下自己会的以及喜欢的，倒是非常公平，但就是弄得很尴尬，让两个人的约会都像是一次次的实验。

我朋友刚开始很不习惯，后来反倒觉得蛮有趣。她能感觉出来这个男人没有坏心眼儿，也是真心实意地想结婚，只是这个方式实在是太古怪了。

经过一系列的约会实验之后，这个男人终于确定，姑娘是可以娶的。虽然有很多生活技能和生活方式没有达到老婆的标准，但这个男人打算自己学习以弥补。

你看，虽然情商低，但不代表男人就不够好。他的测试只是真的为了得到一个结果，而不是要女人去学什么和做什么。

测试完毕后，男人正式向姑娘提出了谈恋爱的要求，并且附送了一条钻石项链。姑娘想了又想，还是觉得男人其实真的蛮不错，就答应了。

谈恋爱之后，两个人之间的约会倒是变得很正常了，那男人也充分表现出了一个好男人的素质，不管姑娘有多少要求，有多作，都尽力对她好，很能逆来顺受。

但女孩还是有些不满意，或者说不满意的地方还挺多。

她就是觉得这男人实在是没有情趣，基本的表现就是在身体接触这种事情上面。

譬如说，这个男人不会接吻，很不会接吻。当初他也表现出自己经常接吻的样子，但实际上呢，他所谓的接吻，不过是亲一下额头和脸颊，碰到嘴唇都是很激情了。

舌吻这种事情，在姑娘的强烈要求下，男人也偶尔尝试了下。但他所谓的舌吻，无非就是把舌头伸出来，然后像根棍子一样再也不动了，一切的动作都要姑娘来做。

这简直都醉了好吗？女孩儿虽然恋爱经历也不算多，但从来没有遇到过这样的男人。以前的男朋友就算不是最贪色的那种，但恋爱的时候，也不会掩饰自己的欲望。爱上之后就想上床，就是男人最正常的表现。

所以姑娘真的觉得这男人是不是性冷淡，是不是Gay，是不是对女人没兴趣。

后来强行推倒了男人一次，才发觉他其实是很正常的，只是保守而已。这男人被推倒后还非常委屈，有一种“我从此是你的人了，你要对我负责”的感觉。

姑娘实在是很无语，她几次三番觉得这男人根本就不像个男人，所以闹着要分手，不管家里人和朋友怎么劝，她都一直觉得不对劲。

分手提了很多次，男人一再地拒绝，双方正在相互的拉扯之中。

但在一个偶然的机会里，姑娘发现了男人的一个秘密，这彻底改变了她对男人的观感。

原来这男人的单位里，有个女人一直在追求他。

这个女人长得很好看，本身就是在单位里当主持人的，身材苗条，脸蛋姣好。她不晓得哪根神经搭错了，就是特别喜欢这个男人，已经到了那种痴迷沉醉的地步。

神经搭错的还有这个男人，见到美女，居然一点儿都不动心，还不知怎么地就认定了她不是良配，根本不适合当老婆，所以一再地拒绝。

到最后，那女人都表明了，我只想陪你睡，哪怕什么身份不要都可以。

男人绝到什么程度，竟然把他妈给搬了出来，让他妈跟姑娘聊天，说什么不要做小三啊、女人要自重啊诸如此类的。

主持人臊得满地打滚，最后只好辞职了事。

这个事情，就发生在男人和我朋友恋爱的过程中。要是换个人，恐怕早就把这种事情全都拿出来秀，标榜自己有多忠贞。

可这男人连一丁点儿都没有提过，因为在他的理念里，这都是他应该做的。既然有了女朋友，那就一定要对人家老老实实的。自己女朋友再不好也是宝贝，别的女人就算再好那也是垃圾。

经过这个事情，并且亲眼看到那男人把主持人各种拉黑，各种恶言相向（绅士风度有时候真的在追求者身上没用），我朋友总算明白了过来。

原来男人真的是有一个缺点，就会有一个优点，优点和缺点始终是相辅相成的。

以前的男朋友，确实各种有情趣，确实各种有欲望，但随之带来的就是各种花心，看到漂亮姑娘就挪不动道。

别说美女主持人想倒贴，他们就算不认识，还会死乞白赖地去勾搭呢！忠诚这种事情，对于有情趣和开放的男人来说，根本就是痴心妄想。

但对于保守的男人来说却刚好相反。没错，他们的确没有情趣，不懂怎么上床，不懂怎么接吻，不懂怎么给人惊喜。

可与此同时，他们也不会去勾搭别的姑娘，不懂出轨，只知道对老婆一心一意。不是没试过欲望，而是他们对除了老婆之外的女人就没欲望。

这是保守男的价值观所决定的，是深入到他灵魂深处的做人做事的原则。

我朋友想到了这一点后，还是决定和这个保守男好好地相处下去，因为身体上的接触、生活上的情趣，其实都是可以改善的，甚至是可以磨合好的。

但价值观的改变太难了，正所谓江山易改，本性难移，一个男人的世界观、价值观，是他从小就形成了的，如果没有特别重大的事情，是特别难以改变的。

那在婚姻生活里，究竟什么事情才是最重要的呢？

到底是偶尔的开心，还是长久的专一呢？这也许是个两难的问题。可如果真正经历过渣男，经历过不靠谱男人的姑娘们，都会懂得来做选择。

说白了，女人的婚姻，是她希望找到一生的归宿。既然是归宿，那当然是要稳定。

稳定而有爱，这是女人最大的希望。至于其他，过得好不好、长得帅不帅、是不是有惊喜，这都是细节。

所有的细节，都是可以一点点调教的，但只有基础稳定了，才有细节的改善。

所以，保守男是看上去不美，其实一切都很美。

五分钟鉴定男人
关于男人上床的标准

其实上床是一件很正常的事情。

从心理学的角度来分析，一切真正的爱情，都是由性心理引发的。也就是性是爱的基础，而有爱无性也是毫无可能性的。

纯粹柏拉图式的精神恋爱是否存在呢？或许有，但我们现在研究柏拉图，更倾向于他是同性恋还是第四性向，也就是无性向者。

所以，精神恋爱这种事情，还是不要归入我们常人的恋爱品种吧！

男人和女人，对于上床这件事情都是有爱的，但两者之间又有明显的差别。

譬如在上面那个案例里面，很多姑娘可能非常不理解，男人如果不爱桑桑的话，又怎么睡得下去呢？

就算桑桑长得好看，可在之前的那么多故事里，许多男人只要是个姑娘就竭尽所能地勾搭上床，长得没那么好看也有理由睡吗？

这里就牵涉了一个男人和女人不尽相同的点。

那就是男人和女人上床的前提是什么。

我们这里所说的，是排除极少数人，以绝大部分群体来看待问题。

女人上床的前提，毫无疑问，是要有感情的。

虽然每个人的情况不同，有些姑娘也是见人几面就愿意发生关系，而有些姑娘则是要很久很久才愿意上床。但除了非常少一部分人之外，基本上大家的前提都一样，就是得喜欢那个男人。

因为对女人来说，性的美好，并不完全是生理的，更是心理的。

如果一个男人不是她喜欢的（不一定到爱的程度，但至少要喜欢），那她是很难有想法，也很难有愉悦感的。

所以，女人哪怕很豪放很想要，也不太会在第一次就直接跟男人上床（天天找一夜情的除外），至少也得多交往几次，等有了感觉，才会半推半就。

这就是女人上床的前提，要喜欢，要有想法，要对未来有憧憬，要有感情。

但男人不同，他们上床的前提，基本上不是因为感情，而是因为欲望。

讲到这里，我们已经看了许多个小故事，几乎在每个故事里，都会有出轨找姑娘的男人，有的还长久乐此不疲地找姑娘。

他们有的根本不喜欢那个女人，有的是才见面，有的甚至是讨厌对方。

但该上床的时候，却从来没有手软过。

为什么呢?

因为有相当一部分的男人，上床是不走心的，能影响他们的唯有欲望，这就是俗话所说的用下半身思考。

而用下半身来思考，重点又是什么呢？当然是外表、打扮、性感。

所以男人有一个三重标准的理论。

男人选女人，有三重标准：第一重标准是选老婆，要求最高，贤惠、温顺、善良、美丽、持家有道，样样都不能少。第二重标准是选爱情，爱情的标准算中等，但至少也要温柔美丽、善解人意，外加人人都夸赞。第三重标准是选上床，上床的标准最低，基本上只要好看或者性感就可以，甚至只要是男人自己所认为的好看或者性感就可以了。

第三重标准还有更多的下限延伸，男人如果喝醉了酒，可能审美就会完全突破下限。乃至于有的男人根本没有审美的下限，只要是个女人就可以了。

有这样一个三重标准的存在，你就会发现，其实男人会不会出轨，以及会不会乱勾搭姑娘，这和他的审美判断，或者爱情的基础没有丝毫的关系。

这根本就是一个男人价值观和世界观的问题。

Chapter 14

花心男

花 心 不 是 因 为 爱 美 ， 而 是 爱 新 鲜

五秒钟看懂男人

秒懂男人之十四：花心男

特征：花心男看似都喜欢美女，但就算再美的女人，只要时间长了，也会被他们抛弃。因为他们真正爱的不是美，而是新鲜。

所以花心男眼里的美，就是一条及格线，并没有绝对的标准。但追求新鲜，才是花心男一生的追求。

爱情密码：不要成为花心男的消耗品。他们从来不会真正地照顾女人，而只是消耗女人。美色和青春，不过是他们汲取的养分。

真实的故事

秒懂男人之十四：花心男

男人真的爱漂亮女人吗?

这简直就是一句废话。男人怎么会不喜欢漂亮的女人?

我认识个叫冯云山的男人，年轻的时候算是相当老实巴交的，文艺青年，爱写点东西，但又没地方发表，后来，干脆当了出版社的编辑。

那时候我还没有写书呢，也没有所谓畅销书的概念，老冯又是高校出版社的编辑，自然赚不到什么钱，无非是一些死工资而已。

不过好歹也算高校的员工，没钱却也是许多老人喜欢的正当职业，所以老冯不到三十岁就结了婚。结婚对象是学校老师的女儿，长得不算好看，不过倒也是贤妻良母。

婚后几年，日子平淡，生儿育女，本以为会这样过一辈子。

但没想到，很快图书市场风起云涌，许多民营图书公司崛起，畅销书开始接连不断地出现。

冯云山看着眼热，觉得自己手上有足够的资源，那么多年的经验也不是白混的，便下定决心跳下海去试试水。

于是拿了家里的几十万存款，也开了一家图书公司。

从国营机构的编辑，到私营公司老板，这其中的跨越实在是太大了。文人的迂腐，成了冯云山经商路上最大的障碍。

一开始吃不准市场，导致图书大量积压，合伙人又撤资，而自己也被工厂骗得死去活来，才一年多时间，公司就几乎倒闭。

幸亏家里老婆贤惠，也没怎么闹腾，就拿出房子做抵押。用这笔钱，冯云山才算缓过一口气来。

之后倒是顺风顺水，连续做了几本在全国也算得上的大畅销书，年码洋上亿，两三年下来，居然累积了几千万的身家。

有了钱，自然也有了地位。冯云山周游全国，见识的又都是各行各业的大人物，心思难免有些活络。

旁人也坏，给他介绍了不少美女，有明星，有歌手，有演员。

露水姻缘确实也不少，冯云山以前是过惯苦日子的，开了洋荤之后，哪儿收得住呢，于是越来越多地把心思放到找女人上面去。

遇见的女人多了，有的是冲他的钱，有的是冲他的资源，但总归也会有冲他的人去的。

半年后，冯云山就遇到了这么一位姑娘。

这姑娘非常漂亮，美到什么程度呢？就算把全国的姑娘都算进来，连那些一线女明星，这女孩儿大概也能排进前几十名。

一米七几的个子，容貌甜美，从小就学跳舞，才二十多岁就已经是成都某歌舞团的首席，腿一抬就能贴着脸，身体柔软得像是没有骨头。

这姑娘家世也不错，家里面有个哥哥是做金融的，父母都是本地的小官员，所以她在某些圈子里算是很受宠的人，可谓从小就十指不沾阳春水。

更重要的是，女孩儿虽然好看，但还算洁身自好，别人当校花都是一堆堆的男朋友，她只谈了两三个，也没有那些乱七八糟的事情。

舞蹈演员遇上冯云山之后，居然一见倾心，她还真爱上了对方。因为平日里见惯的那些有钱人大都粗鲁不堪，不像冯云山这样斯文有内涵。而且冯云山能写诗，会画画，实在是相当有才。

小女孩总是会崇拜自己心目中的才子，冯云山的出现，让舞蹈演员彻底坠入情网。

这事儿，从风花雪月开始，却变作了梁山伯和祝英台。

冯云山本以为是一夜风流，没想到时间一长，却发现这姑娘真的有很多值得爱的地方，外貌长相就不用说了，见了那么多号称美女的，却从没有一个可以超越她。

而且这女孩跟了冯云山之后，就一改过去的娇生惯养，开始洗手做羹汤，居然有放弃事业，专心做家庭主妇的打算。

冯云山顿时就迷乱了。

你想啊，一个那么好看，跟仙女一样的姑娘能爱上他，这已经不容易了，人家还不在乎他家里有老婆，还愿意付出那么多，甚至可以牺牲自己的事业。

冯云山心里只有一句话，那就是夫复何求。

既然完全彻底地相爱了，冯云山当然要回家去解决老婆的问题。

按理说，糟糠之妻不下堂，可事情到了这一步，再怎么看，自己家老婆都没有办法和外面的姑娘相提并论。

不管外貌、家世，还是感情，都不是一个等量级上的。

冯云山内心当然有歉疚，可歉疚归歉疚，不代表他会就此罢手。经过无数次的心理准备，一次次的排演后，冯云山终于向老婆开了口。

原以为会很难，可谁能想到，他老婆听完冯云山的话之后，只是叹了口气，就让他搬了出去。

几天后，他老婆拟了个离婚协议。倒也不怎么苛刻，房子、车子、孩子都给女方，公司和现金都归冯云山。相较起来，冯云山还是占便宜的。

妻子只提了个小要求，想和那个跳舞的姑娘见一面。

这一面，大概已经是两个月后才见上的。跳舞的女孩不知道揣摩了多少回，甚至被骂被打被羞辱都想到了。

真见面的时候，她还是被那个出身小门小户，并没有什么出色条件的中年妇女给惊到了。

她看了看小姑娘，叹口气，嘟哝了句："悔教夫婿觅封侯啊！"

小女孩并没有听懂。

她又问，今天她老了、丑了，配不上这个男人了，可未来有一天，这个男人会不会也因为小女孩丑了，老了，而去找别人呢？

这句话小女孩听懂了，但她充满自信地说，她是如此美丽，在这个世界上，大概没有多少人可以美过她，所以她根本就不担心这事儿。

冯云山的妻子，哦，现在是前妻了，也没有在这个问题上纠结太多，只是给了小女孩一张清单，里面是冯云山的忌口啊、习惯啊云云，竟然有快一百条。

前妻离开，小女孩和冯云山顺理成章地结婚。

婚后自然是恩爱的。

有时候对男人来说，他不是不想好好过日子，只是想和一个他自己觉得相配的人一起过日子而已。

这是很冷漠甚至有些刻薄的想法，但对这些男人来说，无非只是人性而已。

冯云山和新妻子的平和生活过了足足有七年，他们也有了自己的小孩，当初的跳舞演员也变成了三十岁的少妇。

但她还记得当日冯云山前妻曾说过的话，如果有一天她没那么好看了，丑了，老了，该怎么办呢?

所以她拼了命地保养，只要是和保持美丽有关的事情，她都会去尝试，才到三十岁就去打羊胎素，每天各种巨贵的面膜和护肤品往脸上用。宁可不好好工作，也一定要把觉睡足。

这些事情，当然是有用的。

虽然年纪已经过了三十岁，可她看起来还是和二十多岁的时候一模一样，长期练瑜伽，也让她保持了跳舞时候的柔软身段。生完孩子之后，身材居然一丁点儿都没有变。就连剖腹产的刀疤，她都专门做了个手术去掉。

她至少可以很得意地告诉所有人，虽然已经过了七年，她不仅没有变丑，甚至还更美了。所以她很放心，冯云山绝对不会离开她，也没有任何可能性出轨。

但这个自信，并没有维持太久。

在七年之痒的当口儿，她总觉得老公有些奇怪，主要是回家的时间越来越少。以前一礼拜能回来三四天，现在有一两晚就算不错了。而且回来后就和小孩睡，也不愿意碰老婆。

更夸张的是，有一次她要求老公陪自己上床，却发现这个男人居然毫无反应。

一个男人究竟到什么时候，才会对自己的老婆没兴趣呢？这女人顿时就有些着急，于是开始琢磨。

她对自己的外貌是很有信心的，因为就算在她结婚甚至生小孩后，还接连不断地有男人在追求，在各种勾搭，其中不乏比她老公还要出色的。疯狂的那几个，几乎可以为她而死。

既然外貌长相毫无问题，那问题出在哪里呢？

她想办法去男人的公司，找了几个员工来做调查。当然员工是不太可能出卖老板的，但总有几个不怂的女员工，在说话的时候，还能带出点儿真相。

久而久之，这姑娘就查明了事情的真相，原来，冯云山还真的出轨了。

而且这还不是普通的出轨，而是正儿八经地谈恋爱过日子那种。

原来冯云山的公司越做越大，他遇到了一个号称美女作家的，这个美女作家书写得好，有才华，而且书的销量非常高。

对于这样的作家，冯云山自然而然地会亲近一点。两个人吃饭啊、约会啊，一来二去，居然相互看对眼了。

也许是90后的姑娘，对于婚姻、爱情看得比较开，所以根本没有在意冯云山有没有结婚，只是在意要霸占住他的心和他的时间，甚至是他的欲望。

所以美女作家让冯云山租了房，买了车，基本上这段时间，冯云山都是和美女作家住在一起的。

这段关系搞得很嚣张，整个公司的人都知道，那美女作家是小老板娘，公司里面的事情，她都是可以做主的，而且老板也是听她的多过自己做主。

舞蹈演员听到这个事实，简直就是五雷轰顶。

她虽然抢了别人的老公，但从未想过，出轨这种事情，居然会发生在自己身上。

不是都说男人喜欢美女吗？而她就是一个美女啊，而且还是那种顶尖的美女。

舞蹈演员跑去看了一眼美女作家。

也许作家里女人太少，美女更少，所以稍有姿色的都算美女作家了吧。

那姑娘虽然长得不错，但也就一米六，皮肤稍黑。对于普通人来说很好看，但放在真正的美女演员歌手群里，就什么也不是了。

如果舞蹈演员的长相是90分的话，那这美女作家最多是70分。

可为什么70分的会打败90分的呢？

没有人可以想通这一点。

到最后，舞蹈演员和冯云山摊开来聊了一下。这男人居然没有很纠结，他也仔细地琢磨。

他说，也许这和漂亮并没有太多的关系，只是因为新鲜而已。

舞蹈演员当然是好看的，带出去也有面子，如果只是从颜的角度来说，那是很少有人可以超越的。

可那有什么用呢？当看的时间足够长，当拥有的时间足够多，当一天天、无数个小时都盯着时，再好看的人也变成了普通人。这个普通，并非是美色的下降，而是这种颜已经无法使男人获得性冲动。

没错，冯云山所说的，的确是真心话。

男人喜欢美女，那是没错的，但这个美，并不是基于女人美丽的事实，而是基于男人的性冲动。

当一个男人会对某个女人产生性冲动时，这个女人是美的。

反之，当男人不会再对这个女人产生性冲动时，这个女人就不够美。

你们总以为事实就是事实，其实错了，事实都是相对而言的。

舞蹈演员对于任何男人来说，都可以产生性冲动，所以她一定是美的。

但是在冯云山面前，因为对她过于熟悉，而没有办法产生性冲动，所以她相对于冯云山，就没那么美了。

而那个美女作家呢？颜值确实要差很远，在很多男人眼里，简直是天壤之别，可对于冯云山来说，那是新鲜的，他对没有见过和睡过的美女，却能产生强烈的性冲动。

这就是男人喜欢美女的秘密。他们喜欢的，并不是真正的美女，而是新鲜的女人。

所以你以为冯云山是因为舞蹈演员的美丽而出轨的，这是对的，但是片面，新鲜比美色重要太多了。

周星驰和朱茵当时是如此登对，朱茵的美丽，简直冠绝香江。

可就在拍戏的过程中，周星驰照样出轨莫文蔚。有多少人会觉得莫文蔚美过朱茵呢？

这从来就不是美丽绝对值的问题，而是一个相对而言的问题。

所以舞蹈演员不管把自己的脸捯饬得多好，不管让自己多年轻，不管自己保养得是否跟仙女似的，都没有用。

冯云山还是会出轨的，这次是一个美女作家，下次可能是演员、歌手、模特，甚至是普通的路人。

只要那人是个美女，是个新鲜的人，就可以了。

看完这个故事，你就会明白，我们经常说的男人喜欢美女，其实是错得有多离谱。

男人是喜欢美女的，但他们更喜欢的是新鲜的美女。

凡是被用旧了的，就算是美女又如何呢？拥有了就是不值钱的。这句话说出来很伤人心，却是一个事实。

打败过许多主持人和演员，却输给长得远远不如她们的人，她们总是觉得委屈，但真的，没有必要委屈。

因为在男人的眼里，她们已经陈旧了，而其他所有人，都是新鲜的。

就这样吧，无非是男人的人性。

最后说一下冯云山的下场。他和舞蹈演员最后还是离婚了，和美女作家也没有在一起。又过了两年，冯云山得了艾滋病。

在他生命的终结时刻，没有任何女人在他身边，唯有他的钱，还陪伴着他。

也不知道冯云山在弥留之际，会不会想起最早的时候，他在大学里当编辑的平淡和枯寂。

那时候他有才，有太太和孩子。

或许，那个时刻，才是他人生最幸福的时候吧！

五分钟鉴定男人

男人眼中的美色是什么

之前我就说过，男人喜欢美女，但更喜欢新鲜的美女。

这里就涉及一个问题，就是对男人来说，什么才算美。

如果我们有足够多的生活经验，就会经常遇到这样的情况，许多姑娘众口一词说美的女人，在男人眼里看起来，却是丑得不行。

而男人疯狂喜欢并追求的美女，在不少姑娘眼里，也是丑到爆的。

为什么会有这么大的差距呢？

因为男人和女人对于女人的审美是有本质区别的。

这个区别，是出发点和基础的区别。

男人觉得一个女人美，是基于这个女人能触发男人的性欲。没错，性欲才是男人对于女性美丽的基本标准。

而女人觉得一个女人美，是因为对方可以让自己产生好感和愉悦感。情绪上的喜爱，才是女人对女性审美的出发点。

也就是说，当男人看一个女人的时候，首先这个女人得让他产生欲望，只要有了欲望，那这个女人就是好看的。所以，当两个长相平平、几乎一样的女人出现在男人面前时，穿着暴露一点的女人，就会被男人认为是好看一点的。

而女人恰好相反。她们看到一个姑娘，如果发现对方够炫、够酷、够帅气，或者有个性，就会很愉悦，并且觉得对方好看。而对于一些长相妖媚暴露的女人，会觉得她们是有攻击性的，反而会觉得不好看。

这就是男女之间的差距：一个从性欲出发，一个从喜好出发。

从这个角度来看花心男的行为，就比较好理解了。

他找那么多女人，只是因为这些女人多多少少能够引发他的欲望而已。

在男人的世界里，所谓的美，并不是一种选美，也不是一个排行榜，而是一条及格线。

只要过了这条及格线的，对他来说就是可接受的。

所以，男人之间，其实并不存在审美的差异，只存在审美底线的高低之别。

有些姑娘被一部分男人喜欢，而被另一部分男人厌弃，只是因为前一部分人的审美底线偏低而已。

了解了男人这个重大特性之后，对姑娘们是有很大指导意义的。

你们就应该明白两点：

首先，美是必需的。只要有美丽的存在，就可以让你在许多事情上变得顺利，阻力会非常小。要知道男人的审美是基于性欲的，而一个男人会为了自己的性欲做出各种让步，哪怕只是看看而已。

但是，美也并不足以凭恃，千万不能因为你的美比别人多一点点，就觉得自己这资本能一直吃下去。因为美丽就是一条及格线，过了及格线的，大家都差不多，就算有一点差距，也并不远而已。

所以总是有一些姑娘赞叹，只要长得漂亮，一切就会好。但也总有一些姑娘觉得，长得好看其实没什么用。问题就出在这条及格线上。

作为女人，始终要记得，美丽这件事情，并不是为男人而生的。你的美丽是你的财富，是你的幸运，也是你人生的成果。

经营自己的美丽，是为了能够让你变得更好，更有光彩，而不是为了取悦男人。

用美色控制男人，只是一种肤浅而基本的做法。美色是你的敲门砖，是通行证，但真的要往前走，不管是情感、工作、事业，最终靠的，还是自己的能力。

你有可能因此而走得容易一点，但也仅此而已。

用美色来诱惑人的，始终要伤于美色之中。

附录：如何防止一个男人花心

上面说到的姑娘，是个傻姑娘。

这一次我们讲个聪明姑娘，看看人家是怎么做的。

顺便学习一下，男人虽然个个都花心，但真的不是每个都会去实行。

肖青是个很泼辣的四川姑娘。

真正懂四川人的都知道，那里的姑娘看起来并不彪悍，恰恰相反，她们看起来还分外温婉。

可真的要论性格，川妹子却是一等一的强势，要不然，也不会有“耙耳朵”的说法。

肖青就是如此的川妹子，个头不高，看起来温温柔柔的，却从来没有妥协过什么事情。

肖青的男朋友也是她自己捞来的。原本只是偶尔见过的一个男生，而且对方有女朋友，肖青还是硬生生地撬了墙脚。

这事儿怎么说呢，撬墙脚确实不怎么道德，但能被撬走的，总是根基不稳啊！

肖青的男朋友是个帅哥，帅到什么程度呢？大概和任何偶像明星站在一起，她男朋友都能稍稍地胜一筹。

这样的帅哥，当然很受姑娘们的喜欢。基本上呢，看到这男人的姑娘，都会情不自禁地脸红。

有如此受欢迎的男朋友，按理说，肖青应该非常紧张才是。但她不愧是川妹子的个性，居然一点儿都不担心，有十足的把握，可以吃住男朋友。

这确实是一个看颜的世界，就算看得再紧，这么帅气的男人，也始终会有抛头露脸的时候。

肖青男朋友偶尔也会有陪客户去个酒吧，在外面谈个公事的时候，很多酒吧里的姑娘，乃至服务员都会纷纷找他加微信。

手机上有一堆的美女，这家伙不聊也不可能，要说一点儿暧昧都没有，那是假的。

都说了，男人都会花心，这是一个人的情绪波动，是人性。

所以见了旖旎的姑娘，多多少少都会让他心动一下。有时候，到了大半夜的，还屁颠屁颠地和姑娘聊天呢！

肖青坚信一个著名的“面机理论”（见我之前的书），那就是当一个男人老是面对手机或者电脑嘿嘿傻乐的时候，就是在暧昧了。

所以当她男朋友连续多日捧着手机傻乐时，肖青就开始警醒，并且付诸行动。

她强行在男朋友的iPhone上，登录了自己的指纹密码，也就是说，她随时可以打开男朋友的手机。

这一招看起来强度并不大，比什么要求删人啊、不许聊微信啊，要低能量得多，但威慑力却是巨大的。

因为管男人的重点，不是管好他一次，而是要威慑他的将来。

管好一次是很容易的，压迫一下可能就没事了。但要让一个男人永远觉得你在盯着他，不敢犯事儿，这才叫厉害。

因为肖青可以随时打开男友的手机，这男人的头上就一直有把达摩克斯之剑，不敢真的跟人乱暧昧，更不要说有什么实质性的勾搭。

当然，这一招还远远不够。

肖青接着又开始了秀恩爱的策略。

她每天都会准备好小两口的亲热照片，每时每刻都要在一起自拍，然后让男友发朋友圈。

这招看起来貌似也不是很有攻击性，但非常有效果地让男人周围的人都知道他是有主的，而且还非常恩爱。

这就是把大部分还有脸有皮的姑娘挡在门外。当然，对于那些没脸没皮的人来说是没啥效果了。

但肖青还有最后一招必杀技，那就是控制男人的时间。

肖青以相互知晓安全为由，在双方的手机上安装了GPS软件，两个人随时随地都可以知道对方在哪儿。

所以当男人晚上加班时，肖青都会第一时间了解到。而如果不加班，她又会把男人霸占得死死的。

这样平安地过了几年，肖青和男朋友也顺利地结婚，再之后，肖青就怀孕了。

这时候呢，边上许多闺密开始冒怪话了，说什么看男人那么紧，怀孕了可没办法时时刻刻盯着了；说什么男人在老婆怀孕的时候最容易出轨；还说什么怀孕了连自己都管不好，再也没可能管男人了。

肖青却是一丁点儿都不担心。人家还当她是心大没想到呢，谁料肖青却是成竹在胸。

怀孕不久后，肖青就在家里休养。本来大家以为她把老公从此放羊了呢，可没想到这男人越发地忙碌了，完全被肖青指挥得团团转。

从前肖青的老公每个礼拜还有一两晚能出去玩，现在倒好，每天一下班就必须回家，回家里伺候孕妇，做各种家务，准备宝宝的东西，甚至是做食谱等，事情根本忙不完。

肖青在那儿偷笑，怀孕了老公就出轨的那是没手段的女人，有手段的女人当然懂得利用怀孕来管老公，没道理自己受苦受累，男人反倒可以自由，当然是有更多活儿需要男人来扛啦！

更夸张的是，从前肖青还不管男人赚的钱，可现在怀孕了，就以为了孩子的将来为由，把男人的工资卡收缴了。

这下所有人都看出来了，这老公啊，是被肖青牢牢地抓在手心里了。怀孕期间那么忙碌，生娃之后男人当然会更忙，大概这辈子啊，都逃不出这老婆的手掌心了。

肖青有时候得意，也会传授别人一两招。

譬如说：**男人没有不花心的，但要让他没有花心的资本。**

怎么让男人不再花心劈腿呢?

没错，男人要想出轨，都是要付出成本的。

而这种出轨的成本，就是执行他花心的先决条件。

男人要想成功花心的成本，一共有几样——

第一叫自身条件。

譬如单身、长得帅、有才华、唱歌好、写东西好、能说会道，这都算是自身条件出色。

有时候，我们总以为只有长得帅的男人才能泡到妞，其实大错特错。

只有一部分的姑娘才会只关注男人的外表，很多女人都是被男人的才华、语言给打动的。要知道，没有什么泡妞的技术能好过甜言蜜语和才华横溢了。

所以要想让这些男人不出轨，就要掐断他们展现自身条件的途径。

他单身就一起去秀恩爱，帅就把他打扮得难看一点，能说会道就别放他出去勾搭人。

宗旨就是一条，男人最好的那一面只能展现给你看，而不能拿去泡妞。

第二叫时间条件。

你要知道，任何男人，就算帅到天边去，要泡妞、要出轨、要花心，始终还是需要时间的。

有些人觉得时代开放了，上个床只要半个小时就好了。

大错特错，千万不要妖魔化这个时代。

在越是进步的时代，人们就越是重视内心的感动和美好。

所以要想不泡妞而睡到姑娘，就只有花钱直接嫖了。

就算是一夜情，那也得跑去酒吧坐一整晚不是吗？

所以，时间是男人花心几乎必然的条件。只要能把男人泡妞的时间给掐死，那他就算有一万颗想出轨的心，也没有丝毫的作用。

聪明的女人，对付男人的办法就是，鼓励男人好好做事业。

把时间放在泡妞上，是要破坏家庭和浪费钱的。而把时间放在赚钱做事业上，就是保护家庭和赚钱，多划算啊！

第三叫金钱条件。

男人花心劈腿肯定是要花钱的，哪怕是真心谈恋爱，也得花钱、吃饭、逛街、看电影，外加开房。

花钱比平常多个一倍两倍很正常，这还不算是给女人钱用。

所以，防止男人泡妞的一个重要手段，就是对于金钱的控制。

就好像单位里面有专门的预算一样，你也可以给男人做一个每月的开销预算。

这个预算不妨紧一点儿，尺度不要太宽。

然后你就会发现，这个男人除了正常的生活开销之外，基本上没有任何可能再出去花钱了。

因为对大部分的姑娘来说，可以容忍一个男人不帅，可以容忍一个男人木讷，却很难容忍一个男人小气抠门。

而且根本不管这种小气抠门是主动还是被动的。

许多女人，在面对男人花心的时候，总是走几个不同的极端。要么就是坚定地认为我的男人不会花心，一点儿都不可能喜欢别人，要么就是发现男人已经出轨，就哭天喊地完全不知道该怎么办。

古话说得好，凡事预则立，不预则废。一件事情你要先做好坏的打算，然后有足够的准备手段，这样才可以使不想要的结果不会发生。

如果样样事情你都先乐观，然后有了坏结果又不知所措，那人生就肯定会滑向黑暗的。

千万不要觉得预防手段过于有心机。有心机就对了，傻兮兮的姑娘还不是被有心机的人给打败了吗?

你现在没心机，男人就会被有心机的人抢走。

何况管人、管时间、管钱，这算什么心机？无非就是正常的家庭管理手段而已。

最后用一段话来总结男人的花心和预防。

男人为什么会花心？不是因为爱漂亮的女人，也不是欲望强烈，只是因为有太多闲暇的时间，所以才会去追求新鲜的姑娘。男人总是花心，是因为他没有太大的生活压力，所以有钱、有时间去泡妞。要想男人不花心，那就花光他的钱，让他总是为了生活去奔忙。压力，才是对男人最好的管理。

Chapter 15

出轨男

你可以挽回一个出轨的男人，关键是有没有必要

五秒钟看懂男人

秒懂男人之十五：出轨男

特征：出轨的男人确实很容易爱上别的女人，但很难习惯别的女人，所以时间不是有利于小三的。只要有足够的时间让男人厌倦外面的女人，就会顺着习惯回家。

要想挽回，就不要哭闹。要么就决绝地分手，要么就耐心地等待。想要宣泄愤怒，又想要男人回头，那是绝无可能的。

爱情密码：先想有没有必要，再去想自己应该做什么。

真实的故事

秒懂男人之十五：出轨男

这个女人叫Aris，稍微年轻一点，但也有三十八岁左右了。

年轻时，她的经历和上文悲惨的女人差不多。但生活没有千篇一律，稍有差别的是，Aris生了个女儿。

她老公现在是五家大公司的老板，Aris自然也不需要天天上班，所以她整天就和一群阔太太到处吃吃喝喝，日子过得很舒服，但吃多、喝多人就会变胖，而且阔太太们除了购物、吃饭外什么都不懂，也越来越俗气。

毫无例外地，Aris的老公有钱之后，就开始在外面野了，一方面是性欲勃发要找年轻姑娘，另一方面是周围那些狐朋狗友撺掇着让他娶别的姑娘生个儿子。

所以男人最大的问题就是交了坏朋友。在狐朋狗友的引领下，Aris

的老公开始去那些风月场所，还包养了一个艺术学院的大学生。

这事儿她老公掩藏得秘密，Aris本来还不知道。可什么消息瞒得住阔太太的圈子啊，没过多久，就有几个阔太有意无意地宽解Aris。

Aris虽然懵懂，但毕竟也是高学历读书出来的人，听了几次就听明白了，逼问阔太太们，这才知道老公在外面干了什么。

一时之间，Aris整个人都蒙了。可阔太太们却像是抓住了机会，一个劲儿地劝Aris忍气吞声。

原来，这些阔太太们的老公，外面都是不干不净的，但她们集体的智慧就是要忍。

因为你不忍，到最后闹开了就是离婚。离了婚之后，哪怕能分几个钱，也过不上现在的生活。

可如果忍呢，心里自然是憋屈了一点，可架不住日子过得好啊！想玩什么玩什么，铂金包是一打一打地买，今天香港，明天日本，随便去哪儿旅行。

这种日子，不过是用半个老公来换，怎么算都是划算的。更何况男人心里有愧疚，还会对你更好一点呢！

这套理论，在阔太太群体里十分流行。大家把百忍成金这套理论算是研究得透透的。

被阔太太们轰炸了好几天的Aris，整个人还像是飘浮在云雾中，一晚一晚地做噩梦，浑身的力气都仿佛被抽干了。

在家里不吃不喝整整三天，Aris终于想明白了。

她是不想离婚的。且不说感情的事，光看看自己的年纪，过一年就四十岁了，还带着女儿，离了婚日子是能过下去，可要个家是不太可能了。

但她也绝对不可能忍。虽然和阔太太们混了这许多年，可她始终没忘记，自己当初也是上过大学的，也是一手一脚打拼过事业的。现在老公的公司看着大，可至少家业的基础，是有她一半的功劳的。

所以Aris不要忍，也不要坐以待毙，她要改变。

首先的改变，是她迅速脱离了阔太太们的群体。Aris算是看明白了，所谓的阔太太，无非就是寄居在老公身上的寄生虫，是毫无尊严毫无地位的，离开了老公，什么都不是。

然后呢，Aris开始减肥。

以前和阔太太们在一起，也经常购物买东西，可总是买奢侈品，剩下的时间除了吃饭就是吃饭，所以人越来越胖，品位越来越奢侈。

奢侈和美是不同的啊。

变成一个胖中年妇女之后，再多的奢侈品也只能用出贵气，而不会好看。

Aris看着镜子里肥胖的自己，再回想年轻时候从来不超过一百斤的岁月，简直痛悔至极。

于是她开始了艰苦的减肥历程，整整三个月过午不食，每天只吃一顿沙拉，长时间跑步运动。

许多人觉得，减肥是一件需要意志力的事情，其实你最需要的是时间，因为长期保持饥饿和低血糖的状态，会让人疲倦而无心工作。

在整个减肥的过程中，唯有运动和呆坐，所以你根本干不了什么别的事情。如果你还有力气去干活，只能说明你根本没在瘦。

三个月的艰苦卓绝，让Aris瘦了四十斤。她自生完女儿后，就再也没有这么瘦过。按她的话说，揣着少妇的大胸也才一百斤，那才是大奶细腰的极致。

减肥结束后，Aris可谓焕然一新，别人看到，都不太敢认了。她本来就是娃娃脸，皮肤保养得又好，现在又成了美女一枚。

Aris的老公也被老婆的变化给惊到，很长一段时间都不出去花了，连那个包养的小狐狸精那边都很少去了。

但这不是Aris的目标。

接下来Aris决心要重出江湖，开始工作。这件事情，在家里还引起了很大的争议。不管是老公，还是公婆，甚至是父母，都不太支持。

在老人看来，家里条件已经这么好了，为啥还要出去抛头露面，在家相夫教子不好吗？做好后勤工作才是对男人最大的贡献。

这就是老人和社会对女人最大的不公平。都说男女平等，但只要家里的男人够出色，所有人都自然而然地希望女人变成他的附属品。

但最让Aris受打击的，是她老公的态度。这个男人根本不说可不可以，反倒是鄙视地说，Aris那么多年没有工作，除了当阔太太之外，什么都不会，想要找个工作都很难。

Aris的老公就差一句话没说出来，那就是除了让他养之外，Aris根本就毫无出路。

若是那些阔太太，也许就认了。但在Aris的心里，始终藏着一点尊严。

正是这点尊严，让她决心完全地改变自己。

当然，就算咬牙切齿要改变，也不是无头无脑地乱冲乱撞。如果一头在南墙上撞死了，这不叫有志气，只会被人嘲笑愚蠢。

Aris没有急着去找工作，而是在本地最好的大学，报了一个MBA班。

整个学程接近一百万元，若是从前Aris是不舍得的，但现在花老公的钱让自己变好，当然是“何乐而不为”。

于是，每天Aris都打扮得漂漂亮亮的，然后跑去学校上课。大家都知道，现在所谓的MBA，与其说是学东西，还不如说是社交认识人。

最出名的，就是田朴珺在长江商学院里搞定了王石，以至于王石离婚，田朴珺也从此摇身变作商业天才的故事了。

Aris本来长得就好看，减肥成功后更是风姿绰约，在男人众多的MBA班里，显得甚是出挑。

自从她入学后，就成了班里的风云人物，是男人纷纷约会的重点目标。

现在的有钱人都小心谨慎得很，可不是什么女人都敢勾搭的。那些一看就是小嫩模或者演员，就盼着勾引个有钱人嫁，他们都是避之不及的。

Aris的好处在哪里？她是开着卡宴来上课的，不管从哪个角度来看，都是有钱人家的人。

所以说，女人还是要自己有钱啊，不然有钱人都不一定看得起你。

短短几个月时间，就有一群有钱男人在追求Aris。她并没有接受，但也没有拒绝。

这些男人的追求攻势越来越露骨，甚至还有人开着豪车到她家门口等候。

这么夸张的行为，当然是震动了Aris的老公。他正想勃然大怒时，Aris却不紧不慢地把老公在外面有女人的事情翻了出来。

两边翻牌，Aris的意思也很简单，要么就离婚，家产对半，她去过自由自在的生活。至于会不会嫁给一个更有钱的人，把老公的一半家产和生意拿去贴别人就不知道了。

男人哪里受得了这个，一想到自己老婆要拿着自己的钱去找别的男人，连死的心都有了。可事实上，又是他的不对，毕竟老婆只是有人追，而他是实实在在地有了小三。

两人闹了好长一段时间，甚至男人都搬出去和小三住了。Aris倒是不紧不慢，继续上课，开始有男人愿意给她投资做事业，也有越来越多的社交。

这些事情，看在她老公眼里，简直抓心挠肺般难过。不管怎么折腾，她老公都很难接受自己老婆被别的男人追求这件事情。

经过几番天人交战，Aris的老公终于选择了妥协，他和Aris谈判，看怎么样才能把老婆要出轨这件事情扼杀在摇篮里。

时至今日，Aris终于在整个事件中占据了上风。她并没有报复性出轨，也没有大吵大闹，只是让自己变得更好。而恰恰是这种更好，让她老公感觉到了无比的危机。

男人的痛点，不是你有多乖巧，而是你有多少男人追求。几乎所有男人，都害怕自己曾拥有的女人有更好的爱情和更好的发展，为此，他们甚至可以牺牲自己的某些癖好，来挽留，来牵绊。

Aris和老公之间的谈判终于告一段落。Aris继续保持了自己独立求学，甚至是独立做事业的权利，只是必须拒绝所有男人对她的追求，并且只能用家里的钱来投资事业。

而她的老公呢，理所当然地和外面的女人断绝来往，并且每天需要按时按点地汇报自己的行程，不允许再跟狐朋狗友出去鬼混。最重要的一点是，按照Aris的要求，去医院做了结扎，从此后，断了外面再有私生子的可能性。

这样的一个结果，好不好就见仁见智了。但对Aris来说，她原本就不想离婚，只想保持一个完整的家。

所以让老公回家，改好，并且自己还能争取到更好的利益，就是最好的结果了。

女人有时候很简单，无非就是想要一个家，并且保住这个家。但你必须要时刻记住，保住这个家最好的方法，并非是让男人变得更好，

而是让你自己变得有价值。

一个女人的价值，就是她保护家庭、守住婚姻的资本。

五分钟鉴定男人

秒懂男人之十五：出轨男

出轨男的第一个特征：

你觉得自己的男人不可能出轨，但往往他们会出轨，因为出轨和时间有关。当你放心而不管的时候，对方就有了出轨的空间和时间。

很多人觉得，男人出轨最需要的是钱，其实恰恰错了。

虽然爱钱的女人有一些，但不是最多的。相当一部分的女人，追求的是心灵上的交流。

换句话说，大部分出轨的男人，是泡妞，而不是花钱买女人。

泡妞需要什么？当然是时间啊。

无论是陪伴也好，勾搭也好，每天的问安也好，约会也好，甚至开房都好，那都是需要时间的。

所以，看一个男人有没有出轨，首先看他是不是和从前一样陪你。如果大量的时间不在你身边，又不知他在哪儿，那十有八九有问题。

出轨男的第二个特征：

他们出轨的程度和胆子，是慢慢增加的。所以当一个男人肆无忌惮，丝毫不怕你发现他出轨时，其实是你惯出来的。

男人天生就好色吗？的确是的。但天生就有出轨的技巧和胆量吗？并不是的。

尤其是一些婚前并没有怎么玩过的人，婚后的出轨，都是一步步来的。

刚开始的时候，可能只是跟别人暧昧一下，你并没有发现。

接着就是和别的女人约会，偶尔吃饭，偶尔出去玩。这个时候，你依旧毫不在意。

后来就真的出轨，跟人上床，你却依旧懵懵懂懂。

男人会发觉，原来不管他做什么，只要足够小心，你就真的发现不了。于是他就会一次次地出轨，一次次地瞒着你在外面勾搭女人。

而等到他完全把出轨变成了习惯，变成了生活方式时，你再去管，就来不及了。

即使管好了一次，也很难阻止他再犯。

所以，要想防止男人出轨，就要从一开始就防患于未然。

没有开始，就不会有伤害。

出轨男的第三个特征：

他们都会答应别的女人离婚，但心里面其实并没有真正想要离婚。因为他们贪图的是新鲜，而不是换一种生活。

基本上出轨男的泡妞旅程里，都会答应过某些人要离婚。有时候是手段，有时候可能是真的承诺。

但绝大多数的出轨男，说虽然说，可他们其实并不真的会去做。

千万别相信男人所说的感情不和睦，早就要离婚。事实证明，当老婆想要离婚的时候，这些男人早就离婚了。

在婚内出轨的男人，一般都是家庭和睦的。他们想要的，只是贪图新鲜的姑娘，而从来都不是换一种生活。

对男人而言，泡妞是好事情，睡姑娘是开心的，但因此要改变从前十几二十年的生活，从而进入一种完全不同的生活方式，那简直就是要这些男人的命了。

他们是不会为了一时的激情而改掉自己的生活习惯的。

出轨男的第四个特征：

让他们回头的最好方法不是吵架，也不是温柔，而是让他们嫉妒。

出轨的男人，你哭闹是没什么用的，往往是把他们往外推。越是哭闹，就越让他们感觉到外面女人的好处。

出轨的男人，你用温柔当然是有一些用的，但这也太失败了吧。当男人在外面玩的时候，你还要苦哈哈地等他，等他不算，还要温柔地对待他，凭什么啊?

所以，当你的男人出轨的时候，最好的方法就是，把自己打扮得漂漂亮亮的，去学习一点让自己更优秀的东西，然后走出去，走到男人的群里去。

让那些更优秀的男人看到你，甚至被你吸引。你不一定真的要做什么，但至少，你可以获取完全的自信心。

而在这种时候，那个出轨的男人反而会崩溃，因为他一直以为你是他最安全的备胎。可现在呢，你反而成为别的男人争抢的目标。

那么地位就逆转了。那个让你男人出轨的姑娘，反倒不值钱了，你才是最值钱的。

当那个男人回来找你的时候，你就有完全的主动权。你可以复合，但必须谈条件。

但也可以离开，去找一个更好的男人。

你的人生，就是自己做主了。

Chapter 16

痴情种

与 你 无 关 的 痴 情 ， 都 是 满 满 的 伤 害

五秒钟看懂男人

秒懂男人之十六：痴情种

特征：所有的痴情种，都是专心地爱着某个人，心里面装满了某个人，甚至在和别人交往的时候，总是不断地和从前的人比较。

痴情看起来是件好事，但如果是对别人痴情，那这个人就丧失了再次爱的能力。

所以，每一个爱上痴情种的姑娘，都会是牺牲品和替代品。

爱情密码：如果他遗忘不掉过去，那就不要把自己填进去。

真实的故事

秒懂男人之十六：痴情种

这里来讲一个关于双子男的故事。

姑娘绵绵是天秤座，普通的小白领，城市人，家境一般，一本毕业，自己找的工作，不算能干，但总算是能自力更生。

绵绵有点小胖，个子也不高，长相属于圆脸萌系，但胜在皮肤洁白细腻，胸部伟岸，所以也有很多男生追求喜欢。

但绵绵就是一个都不要，因为她喜欢自己的同事小健。

小健在公司比绵绵更资深一些，当初绵绵进公司实习，小健一直带她，并且帮了她很多的忙。

小健并不是那种帅气的男人，从河南来这里发展，有一点农村人的质朴，属于老实巴交、小富即安的男人。

他在公司也不是最有前途的类型，事业上守着一亩三分地，并没有太大的进取心。

但小健最大的优点就是细心：工作细心，生活细心，对朋友也很细心。

绵绵虽然喜欢小健，却没办法在一起，因为小健当时是有一个女朋友的。

这个女朋友，可真算是女神级别的，长得瘦、美，腿长。

这女孩儿是在酒吧当歌手的，唱歌好听，各方面条件都很好。小健能和她在一起，并不是什么运气好，纯粹是时间长了而感动了对方。

两个人是老乡，从高中到大学都是在一个学校度过的，据说当时小健为了上姑娘所读的大学，还专门降低了自己的志愿。

小健从情窦初开就喜欢上了这姑娘，花了快有五年的时间才追到对方，而且对这个女孩非常好，非常细心。

但这个姑娘并非是那种适合娶回家的。因为长得好看，从小就骄纵任性，基本上都活在自己的世界里。

她对小健，随时随地都可能破口大骂，一不高兴就可以翻脸一两个礼拜，打人、掀桌子、砸东西，这都是家常便饭。

当歌手之后呢，姑娘开始抛头露面，认识的人多，追求和宠爱的人更多，所以变本加厉了，在外面抽烟喝酒样样来，深更半夜不回家，整天和一堆男人厮混。

在这种情况下，女人出轨也变成顺理成章的事情了。

小健守了这姑娘太久，太久，当然，主要原因还是长得好看，才会在其他一切都不舒服、不开心的情况下，持续不断地守下去。

可当女人一次次出轨后，小健终于忍受不住了。之前就说过，女人好看对男人是有致命吸引力的，可得到的时间长了之后，就会变得习惯，习惯了之后，好看也就不再成为好看了。

所以经历过几番痛苦的吵架和纠缠，小健终于和这个姑娘分手了。

在分手之后，小健还是很难受，而绵绵却恰如其分地承担起了照顾和安慰他的责任。

当然，一开始，是以朋友和闺密的身份来安慰人。

绵绵倒是没有计划好要乘虚而入。只是喜欢一个男生，而这个男生刚好单身又很痛苦，实在没啥理由不陪着人家。

但这件事情，确实不像乘虚而入那么简单。绵绵花了足足三个月的时间，才让这个男人从对前女友的思念和痛苦里面爬出来。但之后的一段时间，小健根本就没有想要再谈恋爱，感觉情伤已经耗尽了他所有的爱。

但绵绵并没有放弃，还是像闺密、像好友一样待在小健的身边。

这段时间，又足足有一年半。其间，很多人追求绵绵，都被她断然拒绝了。她明知自己和小健的可能性是很微小的，但就是为了一个小小的期望，却始终愿意傻傻地付出。

所谓日久生情，当你把时间和温暖放到某个人身上的时候，就算是石头，也会被你化开。当绵绵这么暗恋、明恋地对小健关心爱护了快两年之后，小健终于被绵绵感动了，接受了她。

到了他们这个年纪，一旦接受对方后，也没什么别的可说，就是结婚吧!

婚后的生活，倒是也挺恩爱的，两个人每日同进同出，各种甜蜜亲热。

如果你觉得，人的一生就会这么平安度过，那就大错特错了。

结婚两年后，绵绵在一次很偶然的机会发现，自己老公和前女友竟然还有联系，于是就花心思去调查，这一查就查出问题来了。

绵绵竟然发现，老公上一次出差，压根儿不是真的去出差，而是陪着前女友去玩了。那姑娘虽然没晒恩爱，但很嚣张地拍了房间照出来，绵绵在房间地面上，看到了自己老公的鞋。

这下子，绵绵整个人生都被摧毁了，她悲痛欲绝地找男人谈判，想问问那个男人，到底是怎么想的。

小健也有点儿傻了，他对绵绵说实话，其实和前女友已经在一起快一年了。差不多就是在他们结婚后一年，那姑娘就来找他，费尽心机地勾引他。

按小健的话说，他那时候被前女友的美色给诱惑勾引住了，所以才和对方又偷情了一年。

但小健保证和前女友立刻断绝来往，他现在已经不觉得对方好看了，更加体会到家庭和老婆的重要性。

小健各种赌咒发誓，并且当着绵绵的面，把那姑娘的微信和联系方式都删了，说对方在他心目中已经不是女神了。

绵绵一下子就心软了，她本来就很爱小健，当爱情占上风的时候，理智就消失得无影无踪。

两个人几乎闹翻又复合，这件事情倒是没有什么人知道，所以在大家眼中，两个人依旧是和睦美好的。

但到了婚后第五年，有一天，小健的前女友突然挺着大肚子跑来找绵绵，正式对她摊牌，说肚子里的孩子是小健的。

原来在几个月前，小健和这个女人又搞到一起去了。

这一次，绵绵整个人都变得无语了。不只是因为小健的再次背叛，更多的是，眼前这个女人，曾经的女神，已经变老了，根本没有半点儿女神的样子。

可就是这样的女人，却又把小健给勾搭了回去，用的方式，还是美色，只不过这次的美色，大概只有小健能欣赏了。

绵绵这段婚姻的结局，就不言而喻了。

对于绵绵来说，最大的不解是，小健为什么会一次次地去找前女友。

如果说感情，难道自己这么多年来的付出，还不如前女友一次次的伤害来得深重吗?

如果说美色，难道小健看了这个女人那么多年，还没有看腻吗?他不是一次次地离开这个女人了吗?这难道不是一种腻吗?

五分钟鉴定男人

秒懂男人之十六：痴情种

痴情种的第一个特征：

他痴情于某一个姑娘之后，就会失去爱上别人的能力。

痴情是好事情吗?当然是好事情。

其实女人最希望遇到的，就是男人爱上她之后，完全失去爱别人的能力。

从这个角度上来说，痴情种简直是太好的男人了。

但为什么还说他们是渣男呢?

因为他们不是为你痴情，而是痴情于别的姑娘。而且痴情上别人之后，就失去了爱上你的能力。

也就是说，他对别人是痴情，而对你是绝情。

千万别以为他们会像爱别人那样爱你，既然是痴情种，就只会痴情于从前的人。

痴情种的第二个特征：

他们痴情于别人，却依旧会和你谈恋爱，甚至是结婚。不是爱，而是因为需要。

这就是痴情种最不好的一点。

如果他是对某个人痴情，又一辈子走不出来，那也没事，反正只是害自己，又不会害到别人。

可是，每个人都会有结婚、恋爱的需求，社会和家庭也会需要他去完成这件事情。

所以，痴情种一边爱着前任，一边还会去找新的恋情。

在这时，后面爱上痴情种的姑娘，都会变成一个个的悲剧。

你以为自己是在谈恋爱，但实际上，这一辈子都只是个备胎。

痴情种的第三个特征：

他们的出轨概率永远都很高。

痴情种为什么会出轨？因为他心里永远爱着别人啊！

所以，只要那个女人勾勾手指，他就会毫无心理负担、毫不考虑现实情况，跑去跟人好了。

痴情种不仅出轨概率高，离婚概率也高。

许多女神，年纪大了，想要找个正常男人结婚的时候，都会考虑到从前的痴情追求者，因为对方既靠谱又专一啊！

所以能拆散一对是一对，而后来照顾痴情种、爱上痴情种的姑娘，就悲剧了。

痴情种的第四个特征：

在他们眼里，女神永远是美的，就算再老也是美的。

原因很简单，因为男人爱美女，是周期性可重复的。

对于男人来说，美色除了绝对值之外，还有一个相对值，那就是新鲜感。

当一个女人被男人看惯和看厌之后，新鲜感就会消失，美色也变成了陈旧的东西。

所以男人是会看腻一个姑娘的，这就是可以离开的理由。

但是，当他们分开一段时间之后，太久没有看到，这个姑娘的美色就又变得新鲜起来了。

这就像是一个人，天天吃一道菜，会觉得很腻歪，但一段时间没吃，又会很想念。

所以他们会一再地复合。

男人的很多属性，其实都是周期性的，对美色是如此，出轨也是如此。

会收心，但也会再犯。

Chapter 17

垃圾男

特别差的男人不仅花心，而且素质也不高

五秒钟看懂男人
秒懂男人之十七：垃圾男

特征：垃圾男一般条件都很差，无论是外貌、事业、家庭都是很差的。而重点是，他们根本就不想去改变自己的生活状况，对于未来没有任何的斗志。

垃圾男一般都懒散，狭隘，毫无目标。但他们同时会嫉妒生活得好的人，一样会有好色之心。

因为垃圾男不需要奋斗，所以有足够的空闲时间，可以用来泡妞。

他们出轨的概率，一点儿不比优质男低。

爱情密码：不要因为对方差而同情他，因为你委身之后，他照样会看不上你。

真实的故事
秒懂男人之十七：垃圾男

我认识一个女孩儿，叫莉莉。

莉莉长得不算很好看，基本上是微胖可爱型的。

莉莉的家境不错，父母都是医生，所以算是富庶的家族，在家人、好友中都算是有头有脸的。

在这样的家庭里成长，自然读书会很好。莉莉在国内名牌大学毕业后，去英国读了一年硕士，回国后又考了艺术系的博士。

书读完之后，莉莉进了媒体当编辑。父母给她在城里买了房又买了车，基本上算是大功告成，平时衣食无忧，也没什么压力。

最大的压力就是谈恋爱和结婚了。

一般读书好的姑娘，都是恋爱晚，结婚也晚。别人大学本科毕业，可能已经谈了两三次恋爱了。可是莉莉要去读硕士，回来还要读博士，再到工作安定下来，以为能谈恋爱了，结果年纪到了二十八九岁，接近三十岁，回头一看，二十岁出头的姑娘都已经在到处抢男人了，她在这个市场上，也没啥太大的竞争能力。

所以就只好去相亲。

相亲对于很多所谓的“剩女”来说，是最大的找男人的手段了。

不得不说，家庭背景够好，对于相亲来说也是很有优势的。莉莉的父母很快就给她组织了一个庞大的相亲对象团，数量竟有十几个。

其中不乏商界、学界的精英，如果放到外面去，每个人都会被一堆姑娘抢的。

莉莉见了一堆人，有些人满意，有些人不满意。不过莉莉长得还过得去，家境又好，学历又高，大部分相亲的男人，都对她有些意思。

所以情况迅速好转，又变成莉莉来选男人了。刚好这时候呢，莉莉的一个高中同学，不知怎么的，也来追求她。

这个高中同学算是莉莉长期的追求者。其实从高中的时候开始，就已经表白过。但因为长相实在是太丑了，莉莉根本没有考虑过。

后来莉莉考上大学，这男同学本来还想追到大学去，可自己成绩不够好，只上了三本，就只好遥遥地追求。

莉莉出国，又回来读博士，那时候男同学已经连追求都不敢了。

前段时间高中同学会，莉莉和大家伙儿见面，发现那男同学居然没来参加。问了才知道，原来他一直混得比较差，长得又丑，大家都不待见他，就连同学会都没叫他。

莉莉听着同学说那个男同学有多糟糕，怎么怎么找不到女朋友，怎么怎么赚不到钱等，心里面反倒是同情起对方来了。

同学会结束后，莉莉给那个男同学去了个短信，问问近况。那男人几乎是感激涕零地回过来，还约莉莉吃饭。

约了几天后见，说是去五星级酒店吃自助餐。莉莉到了后才发现，男同学是骑着电动车来的，而且还颇为认真地打扮了一番。

眼见着对方根本不是能消费得起高级餐厅的样子，还硬撑着要陪她来，莉莉心里是既温暖又好笑。最后也没吃成五星级酒店的自助餐，反而拖着对方跑去隔壁面馆吃了碗片儿川。

这顿饭倒是吃得两个人都很开心，也把男同学埋在心底很久的爱意给激发了出来。回去后两个人聊起了微信，男同学也暗暗表示了追求之意。

这个时候呢，莉莉和家人几番筛选，已经确定了两个优秀的男生。一个是某集团的高层，接近三十五岁，外国国籍，嫁给他之后，随时可以出国定居。

另外一个是大学教授，近几年来一流大学里最年轻的教授和学者，为人知性儒雅，未来在国内学界也是有大好的前程。

这两个人，无论是家世背景、自身修养、工作前途还是外貌长相，都是很不错的。

以莉莉的爹妈看来，随便女儿选哪个都可以，反正选哪个都差不了。

就在这当口儿，莉莉不知道哪根神经搭错了，居然两个都没选，反而答应了那个男同学的追求。

这下子，所有人都傻眼了。

莉莉的爹妈一开始还没有回过神来，以为女儿有了更好的选择呢！可消息传出后，好几个莉莉的同学都来家里串门，一来二去可算是把情况摸了个透。

当爹妈知道女儿放弃两大高富帅，选了个别人都看不上、一直娶不上老婆的垃圾男时，二老顿时就炸了。

做妈的是一把眼泪一把鼻涕。这苦心孤诣地把女儿拉扯大，吃的比别人好，用的比别人好，一路好好教育，可算看着出国回来，成人成才，可怎么就偏偏要往那火坑里跳呢?

莉莉的爹更是强令女儿不准出门。简直就是开玩笑，明明是生活在天堂里的人，却非要往地狱里跳。

父母的意思是，他们也不是那么强势的人，但凡只要那男人还不错，还过得去，他们绝对不阻止女儿自由恋爱。说实话，女儿有自己的恋爱，高兴还来不及呢！

可问题是，也不能找烂成这样的啊！说长相，那是丑得不容目睹，按别人的话说，是看了吃不下饭；说身高，连一米七都没到，严重影响下一代；说学历，就算三本也是大学，但和女儿海归硕士加内地博士是差得千里万里；说工作，三十岁的男人了，一个月连四千块钱都赚不到，只能算职场的最底层。

为什么精英不要，而要个垃圾货呢?

朋友想不通，同学想不通，父母更加想不通。

最后还是莉莉自己说出了原因。她首先说，自己和这个男同学并没有什么很深的感情，以前也从来没有好感。也就是从情感的角度上来说，男同学和另外两个精英，几乎是一个起跑线上的。

那为什么还要选差的那个呢？莉莉是觉得，自己并不算美女，也不是什么风情万种的女人，如果找的老公过于优秀，那么家庭稳定的风险就会很大。

对于那两个精英来说，如果要去国外，那么国外的女子如此开放，男人跟别的女人上床如同家常便饭，又怎么可能家庭稳定呢?

学界高知也是如此，这么年轻就是教授，以后前途不可限量，长得又文质彬彬的，很帅，以后肯定有许多女学生会往上扑。男人哪怕再老实，也架不住追求的姑娘多啊！就算只有一两个女人得手，可那都是真爱啊，随时随地拆散家庭。

莉莉的想法很简单，男人为什么会出轨，就是因为身边的诱惑太多。而男人为什么身边诱惑这么多，就因为他们自身太出色。现在剩女是一堆一堆的，一个出色的男人，实在是太容易招蜂引蝶了。

莉莉的这番话，讲得是有理有据无可辩驳。父母细想了想，似乎也是这么一回事。

找个条件好的老公，现在当然是有面子，带出去也好看，可过日子毕竟是几十年的事情。自己的女儿又不是那种能绑住老公的人，到最后如果以离婚收场，那还不如不结呢!

如此一想，那个男同学似乎也不是不能接受的。

莉莉的父母思量再三，最后同意见一见这个男人。

见面之后，莉莉的父母发现，那个男人果然是要外形没外形，要成就没成就。但就是有一点好，嘴巴甜，会来事儿，一到家就卖力干活儿，还主动要求露一手，烧菜，做的菜居然还不赖。

这些细节，让莉莉的父母对男人的印象大为好转。

于是情况发生了改变，大概半年之后，莉莉顺利地嫁给了这个男人。

结婚后，莉莉没什么感觉，可男人的生活，倒是发生了天翻地覆的变化。

首先，莉莉的父母是不可能见着女儿过苦日子的，所以一开始就给他们张罗着买房买车。车说是给女儿开，但其实也是男人开，房子说是两家一起买，但大部分钱都是莉莉家出的。

其次呢，莉莉的父母觉得这男人工作太差，实在配不上女儿，所以走动了关系，把他安排到有关系的医药公司里当了个副总。人家也不要他干吗，只是看名医的面子，养着罢了。

所以这男人过上了有车有房有头有脸的生活，旁人都知道他是靠着老婆才发达的，但那又怎样呢?

莉莉婚后的生活，其实过得还不错，老公也算千依百顺，日子一天天好起来。

两年后，莉莉决定生孩子。这当然是个大事情，她母亲本来就是妇产科医生，所以在怀孕后，干脆把莉莉接回娘家照顾。

在父母家安胎几个月后，莉莉有些闷得慌，忍不住回了趟自己家拿东西，却意外地发现，床头柜里，居然多了一盒小盒装的避孕套。

莉莉他们备孕半年多，家里根本没有避孕套，而这种小盒装的，一般夫妻哪会用，都是临时约炮才用的啊！

看到这个，莉莉感觉一阵晕眩，她在床沿坐了快有半个小时才缓过神来。但即使到这个时候，莉莉也还是不怎么相信自己老公会出轨，甚至是把女人带回家上床。

原因很简单，因为她的老公又木讷又丑，条件那么差，怎么会有女人喜欢呢？当初莉莉愿意嫁给他，不就是因为他的条件够差够安全吗？

更何况，这男人现在所拥有的一切，包括房子、车子、工作，都是莉莉家给的，他得蠢到什么程度，才敢做对不起老婆的事情啊！

莉莉看似理智的分析，基本上排除了老公出轨的可能性，只把避孕套的事情当作一个误会。

但可惜，事实给了莉莉一个耳光。

很快，流言就传得到处都是。原来这个男人真的有了外遇，是他公司的一个年轻的医药代表。两个人趁着莉莉怀孕不在家，这几个月打得火热，据说好几晚都是住在莉莉家里的。

听到这消息，莉莉完全崩溃了，她实在搞不懂，老公这种差到极点的条件，怎么就会有女人喜欢，而且他又怎么敢呢？难道他不知道自己的一切都是莉莉给的吗？他不知道一出轨就会什么都失去吗？他怎么就一点儿都不感恩呢？

五分钟鉴定男人

秒懂男人之十七：垃圾男

垃圾男的第一个特征：

男人条件再差，也一样会有女人看上。所谓的条件差，是一个相对而言的概念。

你觉得你男人条件差，是因为你见过条件更好的。而在这世上，永远有没见过世面或者不开眼的女孩子。你觉得是垃圾的男人，别人照样会当成宝。

更何况，条件再差，你自己不也要了吗?

垃圾男的第二个特征：

他们有时候会感恩，但更容易花心。越差的男人，越没有道德底线。

男人当然会感恩，但他不会因为感恩的心态而让自己不花心。如果说每个人心中的情绪都是一个金字塔的话，那么感恩情绪是在金字塔底端，爱是在金字塔的中端，而花心才是在金字塔的最高端。

作为一种阵发性的情绪病，花心永远处于男人一切情绪的顶端，没有什么东西可以限制住花心这个情绪的存在。

当然，无法限制的不是花心，而是花心的情绪。这是有区别的。

垃圾男的第三个特征：

他们在花心出轨的时候，会丧失理智，根本不担心失去一切。

男人当然害怕会失去一切。相对于害怕失去家庭，男人更害怕失去事业。

但这种害怕，会不会阻止男人的花心呢？

从一个大的时间范围来看，当然会阻止，内心的恐惧会让男人控制住花心的程度。

但对于某一个瞬间来说，男人的欲望会超越内心的恐惧。

别人都说男人那是“×虫上脑”，这也有些道理，那就是欲望让人丧失理智，血液不往脑子里流淌了。

有很多姑娘，就像是上面故事中的莉莉一样，有着一个很蠢的想法。

那就是男人条件不够好，就一定不会出轨。

有这个想法的姑娘，不仅是蠢，还蠢到没边儿了。

如果你只是想为了安全感，就去选一个差劲的男人，那么我告诉你，一个男人差劲，不代表他不花心。

很多时候，条件好的男人和条件差的男人都一样花心，只是你的那个条件差的花心的机会少了一些而已。

真正的安全感，永远不是别人给你的，更不是靠降低要求来获得的。真正的安全感，是自己的信心，是自己的用心，是自己的真心。

如果你对自己都没什么信心的话，就千万别对男人有信心。就算再差再丑的男人，也不值得你对他们有信心。

你对别人的信心，是建立在对自己的信心之上的。

请牢牢记住我这句话。

Chapter 18

暖男

所　有　暖　男　都　是　演　员

五秒钟看懂男人
秒懂男人之十八：暖男

特征：所有暖男，都知道怎么让一个女人内心温暖。他们都懂得如何照顾人，也懂得做什么事情会让人感动。

但就算做了那么多，他内心也不一定是真爱这姑娘。

暖男的所有技巧，都来自长期恋爱和泡妞的训练。基本上，每个暖男，都是演员。

爱情密码：暖你一个人的是暖男，暖一群人的那是中央空调。

真实的故事
秒懂男人之十八：暖男

暖男都是演员。

许多姑娘，天天把暖男挂在嘴边，仿佛是非暖男不嫁。

尤其是周迅前段时间宣布结婚，一时之间，大家都纷纷觉得她找了个暖男，暖男真的是太好了。

什么是暖男呢？可以暖心、可以让你觉得温暖的男人，就是暖男。

这可谓击中了几乎所有姑娘的心。是啊，哪个女人谈恋爱，不是为了找个温暖自己的男人呢？

我也经常教男人，当和女人吵架时，不需要解释，只需要拥抱。

因为女人要的，是温暖，而不是答案。

暖男可谓直中女人心，但暖男真的好吗？

我想起了曾听到过的一个故事。

我有个小粉丝，曾跟我讲了一个她自己谈恋爱的故事。

有一次，这个姑娘去相亲，遇到了一个男人，还不错，看起来挺温暖的。

两个人聊天也聊得还可以，可以说相见甚欢。这姑娘稍稍有些动心。

相亲结束后，两人也没别的活动，就在西湖边散步。

不知怎么，那个男人就拉起了姑娘的手，在西湖边漫步，然后走到长桥外，带着姑娘看西湖边的落日。

这一下子，姑娘的心完全被融化了。手拉手在西湖边看落日，这是何等温暖的事情。

姑娘觉得，自己遇到了一个举世无双的暖男。

相亲之后，姑娘的心完全挂在了这个男人的身上，可是，左等右等，对方总是不联系她。

实在等不住了，就托了中间人去问。

中间人问那个男生，谁知他的回答令人震惊。

那男人说，其实他根本就没有看上这姑娘，一丁点儿都没有。

当时相亲结束后的拉手、散步和看夕阳，不过是礼貌而已，是他所谓的“礼节”。

这个故事很意外，也很残酷。

但告诉了我们一个天大的秘密。

那就是，暖男是可以被演出来的。

因为姑娘们要的温暖，其实就那么几样，什么关心啊，什么浪漫啊，什么陪伴啊！

而这些事情，对于一个老实巴交、诚诚恳恳的男人来说，根本就不会。因为他们不懂泡妞，怎么会暖呢？

而对于一个花丛老手来说，这些事情就是驾轻就熟的，他每天都是用这些花招在骗姑娘。

所以暖男，是一个恋爱经验的事儿。泡过足够多姑娘的花心男人，几乎百分百都是暖男。

你可以看一下，曾经被称为暖男的，几乎都是演员。

而再往前推，写情诗的徐志摩、号称只爱过一个最好年纪姑娘的沈从文，都是外遇无数的。

而靠谱好男人呢？他们没有经过泡妞的训练，当然不懂得温暖啦！

暖男只是演员。

而好男人，不会是暖男，但会给你有温度的生活。

其实我并不是很想说暖男，因为这个词很红，但属于一个“软性毒品概念”。

什么是软性毒品概念呢？就是这个概念特别好，只要是听到的人都会认同，都会觉得非常对。

但如果你真的抱着以此为目的，那恐怕只会走上歧途，甚至一次次地被人欺骗。

就譬如暖男，这对于姑娘们是一个何等诱惑力的目标啊！但真正的暖男存在吗？几乎是不存在的。

2014年，号称是暖男元年，但同时也是暖男破灭之元年。

许多曾经在公众眼里、电视剧中、电影里被当作暖男的人，出轨的出轨，嫖妓的嫖妓。

最后大家惊呼，所有的好男人都是在演戏。

我后来写暖男都是演员，其实就是这个意思。想告诉大家的是，暖男其实是一个悖论。

以前有过一个网站，专门教男人怎么泡妞。

这当然不是教宅男的那种，而是讨论泡妞技术，以上床为目的，骗一个算一个的。

这种网站的理念是，只要是女人，就没有靠技术泡不上的。

而在这个网站中，最流行的泡妞技巧是什么呢？就是装暖男。

曾经的一些帖子里，信誓旦旦地指出，女人是一种极度缺乏安全感、极度需要被温暖的物种。

所以只需要让她们觉得温暖，觉得被关心，就可以让女人生出爱情的感觉。

而重点就在于，让女人觉得温暖这件事情，是可以用技巧来运作的。

如果能找对方法，那么，随时随地可以让女人觉得温暖。

关于送温暖最好的一件事情，那就是女人想要的温暖，永远都是一些小细节、小事情。

有时候你送个十几万的钻戒，的确会让人很高兴，可是让人觉得温暖的程度，远远不如一次上下班的接送。

所以，男人们突然发现，要让女人觉得温暖，要想哄女人，重点根本就不是有多少钱，也不是有多少爱，而是看说什么和做什么。

所以这些泡妞的男人总结出了好几点，譬如每天要嘘寒问暖，譬如有空的时候要去接送，譬如下雨了要送伞，即使没办法送，也要提醒对方注意下雨这件事情。

譬如生病了就要送汤水，最好是突然出现的意外惊喜；譬如当对方生理周期的时候，一定要各种关心呵护。

这些事情，对于女人来说，是再贴心不过的小细节。很多姑娘迷信从这些细节里可以看出一个人的真心，仿佛只要小事做好了就是真爱。

其实大错特错。

这些事情，已经被人归纳了无数次。男人只需要打开一个帖子，就可以学会所有能让姑娘暖心的绝招。

而这些暖心方法，其实不需要付出多么巨大的成本，最多是一些时间和精力。而泡妞，最耗费的不就是时间和精力嘛。

而姑娘们一个最大的弱点就是，喜欢用耳朵来谈恋爱。有时候根本不看男人是什么人，正在做什么，只是喜欢听对方说甜言蜜语。

所以，伪装暖男的一个重点，也是各种甜言蜜语，各种表达爱的言辞。

因为语言，是最廉价的付出。

男人对女人的付出，最难的是付出自己的一生，其次是付出自己的时间，再次是付出自己的金钱财富，而最廉价的，是付出语言。

如果有两个男人追求同一个姑娘，一个人木讷但善良，另一个人却天天在姑娘身边说爱她，最后姑娘会选择谁呢?

毫无疑问，必然会选择甜言蜜语的那一个。

所以对于暖男泡妞的选手来说，怎么说甜言蜜语，是一个必修课。

他们每天有固定次数的“爱你”要说，每天都要让你好好吃饭，每天都要讲各种赞美姑娘的话。总而言之，就算是异地恋，见不到面，也会说到女孩暖意融融。

男人泡妞的技巧流派，现在已经五花八门。除了用钱权之势诱惑人之外，其他大部分都是用演技来骗恋爱。

所以演技的好坏，直接影响到一个男人泡妞的数量。

男人的演技又怎么才会变好呢？方法很简单，那就是一次次的训练啊！

演技好的男人，就是靠着不断地试验，不断地泡妞，才学会和总结出了那么多的技术。

我在《陆琪来了》脱口秀里说过一句话，后来被流传得到处都是。

“暖一个人的是暖男，暖一群人的是中央空调。”

那个能够专一、唯一陪你到老的，就是暖男。

而到处秀技巧，到处温暖别人的，只能是中央空调了。

五分钟鉴定男人

秒懂男人之十八：暖男

暖男的第一个特征：

他们永远都表现出关心你的样子，永远都是一脸心疼你的样子。不管你说什么、想什么，他们都懂。

暖男为什么会让人觉得暖？最重要的点就是，他懂你。

姑娘们最看重男人的，往往不是赚钱啊相貌啊，而是要懂。那种你说一句话，那边就在点头；你一难过，他就靠过来的熨帖，谁可以抵抗呢？

但问题是，暖男为什么会这么懂呢？

一般的男人，很少懂自己的女人，一方面可能是不想懂，另外一方面也可能是经验不够。

唯有经验足够的男人，才会看女人一看一个准。

所以暖男不管是不是真心懂你的，至少，他们因为经历过足够多的女人，才会变得这么暖。

暖男的第二个特征：

他们会做一些华而不实的举动，让你感动，把你的心填满，但实际上，付出的代价很小。

如果一个男人随时随地肯为姑娘花钱，动不动就买包、买首饰，这个男人会被当作暖男吗？并不会，一般都叫他土豪。

因为姑娘会觉得，给钱很好，但给钱不够暖。所谓的暖，就是有温度的，需要人自己去做的，而不是用花钱来解决。

这就给了暖男们一个机会。他们可以通过语言，通过拥抱，通过细节，来让姑娘们感动。

譬如之前所说的拉着姑娘的手看夕阳，陪着姑娘听音乐会，生病的时候送一碗汤之类的。

当然了，男人会做这些事情是好的。即使绝大部分暖男都是演员，但不管怎么样，这些细节确实很重要。

这也是我们一直在说的，大多数男人要学习暖男的经验，要学会怎么给姑娘小小的感动。

爱人，有时候也不一定非要花钱啊！

暖男的第三个特征：

他们对绝大部分姑娘都这么暖，而不是只对你一个人。

为什么这样说呢？因为当一件事情成为习惯之后，很难变成只针对某个人。

譬如有人是老好人，那他对大部分人都是老好人，而不是只针对一个人。

暖男也是这样，他们的暖是中央空调式的，对谁都是暖风劲吹。

这其中，有的人是为了多泡几个妞，所以才会装出来这样的暖。而有的人呢，根本就是习惯了用这种态度对人。

所以暖男和姑娘之间的界限往往不明确。我们所看到的那些暖男，基本上都是许多姑娘的男闺密。

所以，我才会说那句话：只暖一个人的是暖男，暖一群人的是中央空调。

暖男的第四个特征：

他的暖，不是因为爱。

暖男为什么要暖？他是真的爱那个姑娘吗？

并不是，他只是要实现一些目的。

譬如说，他想要追求到某个人，就会让自己化身暖男，让对方感觉到自己的好，甚至都还有专门定制的方法。

也有可能，他要表达出自己是个好人，是个绅士。

就像之前说的那个牵手的男人一样。暖男会给你开车门，给你披衣服，给你送吃的，给你说好听的。

但那只是技巧而已，并不是爱。

你很难分清楚，他的哪个动作是爱，哪个动作只是想要实现目的。但没关系，一个人暖久了，爱不爱，他都会一直这样暖。

可是，对你来说，一个人不爱你，对你好，有啥用呢？

Chapter 19

凤凰男

光彩照人的冷血动物

五秒钟看懂男人

秒懂男人之十九：凤凰男

特征：凤凰男一般出身贫穷，是通过整个家族的牺牲和自己的奋斗努力，才有了焕然一新的人生。所以凤凰男对于成功有近乎于冷血的执着，可以不惜一切代价地往上爬。凤凰男一般都有报不完的父母兄妹恩情，但在面对选择的时候，却会非常冷酷。

总而言之，凤凰男一心想成功，对父母兄弟比对老婆好。

爱情密码：和他做夫妻，真的还不如做兄妹。

真实的故事

秒懂男人之十九：凤凰男

经常会有一些女人，跑来找我哭诉感情生活。

前几日见了一个穿着入时的中年女性，一看就是富贵人家出来的，全身都是名牌。

不过摘下墨镜后才发现，眼睛又红又肿，不知道哭了多少回了。

许多女孩都觉得，只要嫁得富贵了，日子就会很幸福。其实真的不是如此。我见识过太多大富人家的主妇，忍气吞声还算好的，许多时候，想要忍，别人都不会给你机会。

这位阔太太就是个例子，就叫她陈太吧。

陈太年轻时，爱上了个穷小子，那真是穷得叮当响，在深圳特区工地砸水泥撸钢筋的小工。而她呢，家里算是官宦人家，在特区那也是小有权势。可不知怎么就爱上了对方。

爱上了之后，就是轩然大波。一个官宦世家，和工地小工之间，怎么也看不到门当户对的希望。爹妈自然是竭力反对，于是她年少气盛，破家而出，准备和男人白手起家闯出个未来。

破家而出的女人，总是有分外的勇气。两个人从工地边的一个小窝棚开始，一手一脚地做事业，从卖早点、做夜宵，甚至给人家洗厕所，到最后有了自己的饭店和公司。

刚好赶上了特区最好的时期，他们成了最早一代的房地产商人，通过十几年的奋斗，终于功成名就。

但付出的代价是什么呢？在最艰苦的时候，女人三次怀孕，都为了事业，为了男人而堕胎。最后一次堕胎时出了意外，导致再也无法生育。

记得在那个堕胎而出事的夜晚，男人抱着女人哭了一整夜。但男人说，这辈子他们就算领养孩子，他也不会后悔，今生今世，都不会辜负女人所付出的一切。

虽然经历了这样的惨痛，身为女人，恐怕是一生的遗憾。但她依旧没有后悔，因为她是为了爱情而愿意付出一切的，只要爱情在，那么一切都会在。

时间过得很快，两个人都过了四十岁，那男人终于从一个工地小工，变成了上市集团的主席，成了男人里最顶端的那一小撮人。

而那女人呢，已经从公司里退出，照顾两边的老人（那么久，自己与父母当然是和好了），而自己的父亲也已经从官场退下来，不再抛头露面。

陈先生是真正的凤凰男。虽然那个时代，还没有“凤凰男”这个词，可后来陈先生自己都愿意用凤凰男来评价自己。

所谓鸡窝里出凤凰，讲的就是他这种人。

陈先生来自中西部的大山里，家里那叫一个穷啊，上面有几个姐姐，生到他才算完成了传宗接代，想再生也养活不了。

那时候公路不通，山里的山货很难运出去，山地上开垦农田也难，所以一家几口人，刨食吃很辛苦，别说读书了，就算裤子那都得全家分着穿。

有一次，少年小陈遇到了个从山外来的亲戚，亲戚跟他讲了外面的世界有多精彩，讲了上海和北京的大楼，讲了大学。

小陈的心里，就装满了要走出大山，去读书的念头。

但当时的条件，又怎么可能呢？爹妈和姐姐们看到小陈整日里望着大山外的方向不作声，心里面也是难过。

想来想去，毕竟这是老陈家的独苗，于是爹妈把家底儿都翻了出来，姐姐们也拿出了嫁妆，送小陈去读了个小学和初中。虽然是义务教育，可也得买课本和吃饭啊，也得有地方住啊！

初中读完后，再要往上读是没可能了。小陈识了字就更没办法回到村里，于是下定决心，去深圳打工。

这才有了到工地干活儿，然后无意中认识了陈太，以及后来恋爱的那一出。

陈先生的经历，的确是传奇的。他可谓凤凰男中的鼻祖，比起后来那些考试考出大山的，奋斗了二十年才能和你在咖啡馆喝咖啡的，比起这些后辈凤凰男，他更像是一个奇迹。

在赚了钱之后，陈先生对于学历有一种极度的痴迷。他一边做生意，一边还要读书考试。在那个时代，大家都说他是儒商，其实是笑话他。

有钱赚就好了，还要读书干吗？读书再多，还不是给人打工的命？

但陈先生硬生生地读完了大学，还考了研，要不是真的忙不过来，他可能连博士都要去考了。

这件事情，陈太是支持的。但陈太的分析很精辟，其实陈先生就是因为出身不好，内心有太强烈的自卑，所以才会用不断考学历的方式来弥补自卑的那一面。

读点书其实也没什么，让陈太最受不了的是，陈先生发达后，就把自己老家里的父母和姐姐们都接了出来。

按陈先生的说法，就是爹妈和姐姐们为他的成功付出得太多，现在他发达了，一定要让他们好好享受一下，也改变一下他们的人生。

这当然是没错的。其实刚开始，陈太是大力支持的，而且跑前跑后地帮他们安排进城。

但让陈太没有想到的是，陈先生要让所有人都住在一起。他们家有个大别墅，陈先生安排得很好，自己的爹妈和姐姐，可以全部住进来。

这一住，可把陈太给愁坏了。

陈太出身官宦世家，生活条件之好，别人难以想象，而且平时很讲究生活品质。

而陈家人呢？那是大山里头的山民，其他也没什么，就是这个生活习惯，实在是差得太远。

陈太看着满地的痰啊、瓜子壳啊，甚至公公都可以在提桶里面撒尿，简直快要疯了。

住了不到半年，陈太和陈家人之间就爆发了大争吵。这场争吵，也是后来引起家庭变化的重要原因。

陈太和公婆姐姐们吵完之后，陈先生还一直说她不理解自己。陈太恼怒之下，干脆自己搬出去住了，把那个别墅让给了陈家人。

当时两人感情甚笃，陈先生也没可能让老婆一直住在外面。这事儿搞了很久，最后陈先生干脆在不远的地方又买了个别墅，让父母姐姐们住进去，这才消弭了风波。

但就算是这样，陈太和那边的父母关系还是很差，一方面，是真的生活习惯和谐不了；另一方面，陈家的姐姐、亲戚、侄子侄女，几乎所有人都要陈先生来管，就好像一人得道，就必须鸡犬升天似的。这让陈太非常不满。

当初有恩，那有恩报恩这可以，但八竿子打不着的亲戚，说要帮忙就帮，说要来住就来住，家里整天搞得跟旅馆似的，这谁能受得了？

这种不来往的日子，过了三年。陈家父母刚开始还不敢说什么，但随着在城里住的日子久了，就对陈太越来越不满。

他们不满的理由很简单，就是因为不能生孩子。

在老人家的眼里，为什么不能生孩子那是一点儿都不重要，重要的是老陈家就这么一根独苗，传宗接代的职责，就一定是陈先生的。难道还能让陈家从此断了根吗？

要断子绝孙这种事情，公婆俩自然是不能忍的，从早十几年前，就暗中撺掇着儿子另外找老婆。

那时候陈先生还算护着女人，可到了这把岁数，又是功成名就，终于开始心思活动。

当陈太听外人说，这男人在外面养小三，她还不愿意相信。后来几次发现了迹象，却一直都假装没看到。

直至几年后，小三直接带着两个孩子住进家里来逼宫，这陈太的美梦才突然崩裂。

她本来觉得，有和男人的爱情，有那么多年共同奋斗的经历，有老婆的身份，自己根本不会有任何问题。

就算男人真的有小三，凭着当初的情意，也迟早会回到她的身边。

但直至那小三带着一男一女两个孩子杀入家里，她才晓得原来一切都错了。

公婆一看到孙子孙女，立马举手投降，抱着小孩就不肯撒手了。那小三直截了当，你这个女人是不可能有孩子的，现在我们是四口之家，有大有小有未来，究竟谁是正，谁是小三，还挺难说的。

再看陈先生呢，他居然极为难和纠结，明显地，对那个小三也有不浅的感情，而对两个孩子，更是放不下。

陈太顿时万念俱灰，她没了爱情，没了老公，没了家。对方有家长支持，有男人体贴，还有孩子撑腰。

现在她还剩下什么？一张结婚证吗？笑话。

所以，当她来找我聊天时，已经抱着什么都不要、净身出户、这辈子就陪着爹妈终老的打算。

她只是想问我，为什么这男人会变成这样，那个曾经山盟海誓、情真意切的男人到底去哪儿了？

五分钟鉴定男人

秒懂男人之十九：凤凰男

凤凰男的第一个特征：

他们一定是最努力，最有斗志，也是最顽强不息的。

凤凰男都是出身于穷苦家庭，从小的生活条件都很差，以至于他们会疯狂地努力，拼命地奋斗，以达到别人刚出生就能享有的生活。

我们在生活中，能看到最用功最努力的，往往是凤凰男。因为对你来说，读书工作是一种负担，而对他们来说，能够有读书工作这个机会，那都是上天的恩赐了。

而相当一部分的凤凰男，在工作中表现出激进、利益趋向严重、不惜代价的倾向。

他们的功利心太强，所以为了成功可以无所不为。这也是从小受家境影响，对于个体的心理改造。

从小生活富裕的人，往往没啥上进心，或者功利心不强。而从小生活窘迫的人，既然有了现在的机会和地位，他就绝对不容许自己输。

从某种意义上来说，为了成功，他们可以非常冷血。

所以，奋斗，有时候是褒义词，有时候是贬义词。

凤凰男的第二个特征：

他们不管取得多大的成功，内心一直都有自卑，一直都有恐惧。

凤凰男由于出身的原因，在成长路上，完全是依靠自己的努力和奋斗，才能拥有和别人同等的机会。而与此同时，他所失去的，甚至是缺失的也必然多。

有些人要很晚才见过世面，甚至是工作后才知道KFC、星巴克是什么。

正因为如此，当初被人嘲笑、自己缺失的那些事情，总是记挂在心里。

一个人自卑的特点，并非是害怕或者胆怯，往往是过渡性地补偿。以前缺少什么，就拼命地给自己补偿什么。

学历补偿、吃喝补偿、旅行补偿，这都是比较常见的，还有一种是女色补偿。

因为年轻的时候没有好好泡妞，没有风花雪月，所以发达后，就拼命地找女人，这也是凤凰男中一部分人的表现。

凤凰男的第三个特征：

永远背负着家族的包袱，对家人比对老婆孩子好。

凤凰男从小就受家里人的照顾，甚至是全家牺牲，去成就他一个。所以，很多男人都背负着家族的包袱。

他们在成就自我之后，会努力让家族的人都过上好日子。

这原本没有问题。但许多人就是容易矫枉过正，他们会把整个家族的人都带在身边，不管对方遇到什么，都要用自己的资源去解决。

到最后，很可能会伤害了爱人和孩子，而竭尽全力地去补偿别人。

尤其多见于对父母的愚忠、愚孝。

凤凰男的第四个特征：

不管他们现在变成什么人，骨子里依旧是童年时的那个人。

凤凰男身上最难改变的是什么？不是外貌，不是财富，也不是地位。

而是生活态度和价值观，是身上一直依存着的老观念。

就算长期生活在城市里，就算已经完全变成时尚一族了，可他时时刻刻还会冒出让人匪夷所思的老观念。

譬如一定要生孩子延续血脉，譬如重男轻女，譬如要和父母同住才算孝顺等。

这些观点，是童年的时候就注入他们血液的。

大概，永远也不会改变了。

Chapter 20

经济适用男

照顾家庭的艺术家

五秒钟看懂男人

秒懂男人之二十：经济适用男

特征：他们一般胸无大志，没有太强的事业心，也不可能赚到很多的钱，但就是对家人好，愿意顾家。什么事情都是先考虑到自己家，然后再想着工作。

他不会给你最好的生活，但会给你最稳定的生活。

爱情密码：没有大富大贵，但会陪你走到最后。

真实的故事

秒懂男人之二十：经济适用男

经济适用男并不是我提出来的概念，很多年前被提及后，我就花了很长的时间，来观察几组不同的经济适用男，并想以此为案例。

虽然许多地方、许多文章都讲过经济适用男，但现在应该还没有什么文章专门来论证过，也没有谁专门来分析过，什么样的男人，才算是经济适用男。

其实许多时候，人们对于经济适用男是有误解的。

譬如一个男人，没有大志向，又不思进取，而且还到处泡妞，算经济适用男吗？当然不算，这是垃圾男。

譬如一个男人，曾经很穷，但通过自己的努力，成为条件很好的人，这算是经济适用男吗？当然不算，这是我们之前所说的少年穷。

真正的经济适用男，应该是那种胸无大志，不思进取，也确实一辈子赚不到多少钱，没什么本事，甚至都没办法让子女过上好日子的人。但他们会忠诚于家庭，忠诚于妻子，确实没有想过出去寻花问柳。

在这里，讲一个关于经济适用男的故事。

故事的女主角叫小樊。小樊是个心气儿很高的姑娘，虽然长得不好看，但胜在个子挺高，居然有一米七五，穿上高跟鞋能到一米八零。

所以小樊从小就有个当模特的梦，只可惜呢，她的长相实在是有点堪忧。几次想去做模特，都被人以外貌条件而拒绝了。

模特当不了，但身高还在，所以反而被排球队给选走了。

小樊在排球上虽然没有职业性的天赋，但还是有一点天分的，很快就成了不容小觑的高手，进了高中校队，还帮助校队拿了全市冠军，最后以体育生的身份被特招进某大学。

在大学里，小樊情窦初开。但她遇到了几乎无法解决的问题，一个是身高，一个是外貌。

因为身高太高，让绝大多数的男人都避之不及。其实男人真的不是很爱过高的姑娘，许多高个子的女孩儿都会遇到类似的问题。

而外貌更是致命伤，高而不好看的女孩能选的范围太小了。

小樊一次次地暗恋别人，却一次次被拒绝，到最后真的有点心灰意冷。

大学里的失败爱情经历，让小樊非常伤心，她再也不敢在学校里暗恋人了。

有一次，小樊代表校队去打友谊赛，认识了一个男生。这男生也是体育特长生，但水平非常高，已经被选入了市队，被当作市队将来的主打之星。

这个男生小易，接近一米九，身材壮硕，外貌不佳，人也有些木木讷。小易和小樊也是不打不相识。

当时小樊是校队主力，和市队二队打友谊赛。在下面组织的友谊赛里，这种男女混合打还是挺多见的。

校队五个人，市队只上三个人，小樊和小易都是当然的主力，小樊那次重点盯防包夹小易，但小易还是很轻松地一次次突破进球。打到最后小樊打出了火气，直接用身体对抗，去撞那男人。

虽然小樊也是个高体沉的，可和男人对抗身体怎么可能赢？她没撞倒小易，反而自己被弹飞了。

小易倒是想拉她，可没来得及。小樊被撞开后，没有做好缓冲动作，最后骨裂了。

这下小易就真的不好意思了，比赛之后，他送小樊去医院，之后的一个月，小易连比赛都不打，学校也连连请假，每周有四天在陪小樊养伤。

其实骨裂也不算什么大事情，打完石膏后，就可以回去自己养着了。所以小樊一直住在学校里，而照顾她生活的，是个一米九的壮汉。

这件事情让小樊都快成为学校里的笑话了。你想啊，一个快两米的大壮汉，整天去食堂打饭，拎着水壶，跑进跑出女生宿舍，那是个什么样的画面啊！

小樊一开始特别恼火，往外赶了小易好几次。可小易死乞白赖地就要留着照顾她，一直拉扯了快小半个月，后来同宿舍的姑娘一语点破梦中人，说，别是小易喜欢上你了吧！

大家恍然大悟，原来小易不是因为内疚，而是因为喜欢，这才天天黏着呢！

被捅破窗户纸的小樊，害羞了没到半天，就迅速发现，其实自己对小易也是有感觉的。既然如此，两个人就没有那么多可矫情的了，迅速地就发展成了恋人。

剩下的几年读书生涯，两人一直在谈恋爱，也不用赘述。

毕业之后，小樊的运动生涯就算是结束了，但因为拿过不少奖，为学校争得了荣誉，就被学校给留下了，当了一个大学的体育老师。

而小易则运气更好一点，有一个国内联赛的职业队，想要签他作为后备储备。

这在他们所在的城市，就算是相当了不起的事情啦，毕竟是职业队啊，小易的前途就是一片大好。

小樊和身边的人都竭力要小易去职业队，小易却顾虑重重。

因为那个职业队是在一个偏远的西部边疆，如果真的要入队，他得离开自己家（小易是本地人），而且还得和小樊两地分居。

最重要的是，小易其实对当一个职业选手没啥兴趣。虽然很多人觉得他有天赋，也觉得职业选手能够赚很多钱，可是小易打心眼儿里就不想那么累，那么辛苦。

按他的话来说，做人就简单一点，轻松一点，够吃饭就行了，何必要拼死拼活呢！

他们所处的城市就是个蛮悠闲的地方，大家都是早上喝喝茶，晚上打打麻将，没有那种非要为了事业而做什么的冲动。

在这种环境里成长起来的小易，就一直抱着得过且过的心态。

到了最后，小樊没有劝住男朋友，小易果断地放弃了当一个职业队员的机会，而进了一个机关单位，当起了小小的机关职员。

这件事情，让两个人之间爆发了很大的争吵，但最后，在双方父母的调解下，还是平息了下来，父母开始为两人准备婚礼。

两边都是普通家庭，好处就在于，能够毫不费力地支撑起一个不错的小家。男方为小两口买了房，不大，一居室而已。女方为这房子提供了装修和家电。

两家一起努力，这小日子就顺顺当当地过了起来。

结婚后，又生完孩子，按说这日子是过得不错了。

可是小樊不甘心啊，她大学里不少同学，或者自己，或者嫁的老公，都已经开始飞黄腾达。那些女孩儿每天背着香奈儿，拿着铂金包，只有小樊好像和从前的生活并无区别。

她是真的不甘心，她甚至想到了老公在毕业时没去职业队，是一个巨大的错误。如果那时候真的当了职业球员，那现在，他们至少也是千万身家啊！

在这样的心态下，小樊终于没办法忍受老公去当一个小小的科员，每天朝九晚五地看报纸了，她强力命令小易立刻辞职，然后去做生意赚钱。

小易虽然事业上没啥野心，但好处是对老婆孩子好，每天按时上下班，也可以回家做饭，照顾孩子。

他对老婆，那真是言听计从。而如今小樊要他做出这么大的决定，小易是没有任何能力反对的，他心中又有疑虑，但没办法的情况下，只能办了停薪留职，然后真的听老婆话去做生意。

小易用家里的积蓄跑去某市场买了个门面，然后卖衣服。

这件事情其实真的很无厘头，小易和小樊都是从来没有做过生意的人，只听说卖衣服能赚钱，就贸然投入进去，怎么可能赚钱呢？

半年里，亏损无数，两个人的积蓄都被败光了。

没错，小易确实是个胸无大志，也不想让自己太累的男人，可为了做这个生意，他也是拼了。怎奈不懂就是不懂，不会就是不会，赚不了钱，也就只有赔钱的命。

半年被掏空家底，小樊把责任全算在了老公的不思进取上。她越来越愤怒，甚至决心要离婚，重新找个有上进心的男人。

就在琢磨离婚的时候，她忽然发现了一件事情。她从前那些同学，嫁了飞黄腾达老公的那些同学，居然一个个地先于她离婚了。

这下小樊不懂了，她就想找个有事业心的老公，可怎么人家事业成功的都离婚了呢？于是一个个地去问。

那些女人，有的是因为男人发达后到处找女人（这个占大多数），也有的是因为老公事业心太强，所以每天加班，根本没有时间照顾家里人，更有的是男人自己发达后，觉得女人配不上自己了，所以执意要离婚。

小樊放眼看去，基本上老公有点成就的，事业心旺盛的，居然都离婚了。

而那些被离婚的女人，跟小樊说了一句血泪经验："悔教夫婿觅封侯。"

什么意思呢？就是说，要嫁给一个男人，其实最重要的根本不是这个男人的事业，最重要的是家庭的生活。当男人在事业上越发达时，能够留给家庭的就越少。所以，真的回头想想，还不如别去做事业呢！

小樊突然被点醒，她猛然发现，自己老公除了没有事业心之外，其他一切居然都是优点。

譬如忠诚老实，不敢去勾搭别的女人。

譬如爱做饭，爱做家务。

譬如听老婆话，也愿意自己带小孩。

譬如从来不加班，每天都会回来和家人待在一起。

譬如对岳父岳母好，简直跟对自己父母一样好。

这些优点，难道不就是一个男人对家庭最大的贡献吗？

小樊明白过来，男人的事业，其实并不是家庭的助力，而是过日子的毒药。有时候事业越好，反倒成了伤害家庭的利器。

虽然自己的老公胸无大志，但是真心实意的，想要好好地过好自己的小日子。

而这小日子，不就是生活吗？

五分钟看懂男人

秒懂男人之二十：经济适用男

经济适用男的第一个特征：

所有的经济适用男，对于事业都没有什么大的志向。

一个对于事业有野心的男人，是没有办法成为经济适用男的。因为不管他们的事业成功与否，他们都不可能把心思放在家庭上。

所以，当男人一心想要闯世界的时候，就没有办法照顾到女人和家庭，更加没有办法让家人感觉到温暖。

经济适用男完全没把心思放在事业上，他的心思，完全在自己的一亩三分地，外人看着好像很窝囊，但家人恰恰能接受到最大的好。

经济适用男的第二个特征：

他们都讨厌改变，尤其是讨厌改变生活习惯、生活方式的事情。

几乎所有的经济适用男，都是最会生活的。

许多姑娘以为，会生活就是品位，实际上是错的。有些男人有品位，但不干家务；有些男人会下厨做顿饭，却不肯收拾，最后要女人来收拾残局；有些男人会去旅游，却不懂照顾人。

经济适用男，确实没什么钱，但他们愿意做家务，愿意做饭，愿意把家人安排得井井有条。这样的生活，就算不够有品质，却可以让每个女人都活得很舒服，不需要操劳。

经济适用男的第三个特征：
虽然没本事，但是爱老婆。

很少有人知道，没本事的男人，也不一定爱老婆。有些男人虽然没本事，但回家后照样欺负老婆，并且以此来找回自己的自尊心。

而经济适用男却不是，他们的人生重点，就是爱家爱老婆。他们虽然不能取得很大的成就，但家庭的稳定，就是他们最大的成就。

大部分经济适用男对于自己并没有很大的信心，所以他们一直觉得，女人愿意嫁给他们，就是他们人生最大的运气。在这种情况下，爱老婆就成了他们最大的目标，对于家庭有益的事情，他们一直都愿意做，而老婆反对的事情，他们就一定不愿意做。

很多人觉得经济适用男就是什么都温吞水的男人。

其实并不尽然。经济适用男，往往是经济上没有大出息，但在照顾家庭上堪称艺术家的人。

正因为他们为了家庭付出了自己最大的精力，所以才会在自己的事业上毫无成就。

这是相辅相成的，也是一种牺牲。

告白书

深度策划人

@金双双

不知道为何，我有很长一段时间很排斥金牛座，是那种今生今世都不要再见到、碰到、认识到金牛座的任何物种的感觉。那种似乎痛彻心碎徘徊焦躁的情感断断续续地陪着我走过了一个漫长的夏季，一个没有太阳的阴冷的夏季，紧接着又陪我走过了一个没有任何颜色的秋天和记忆断片的白色冬季。也是从那时起，对巨蟹男感到由衷的悲哀，感觉命运的无助和人性的脆弱在这个星座上演绎得雷厉风行。还没有等到巨蟹男查看伤口、重新摆横身体，那一浪接着一浪的荡漾着肆意的春风就这么无情地把不坚定的巨蟹推向一个又一个眩晕到窒息的旋涡里。

惊蛰的雷声永远是那么地痛彻而又碎零，无法感知冬眠初醒的生灵们听到时的颤动，却能看见天际一闪一闪如巨蟹脑海中一瞬一瞬的似是而非的坚定。漂泊从来不是巨蟹认为的浪漫，亦不是想追求的刺激。浪漫在巨蟹的字典里是恰好此时我拥有，又恰好此时我愿意给你，而你站在不远处又刚好需要，三者缺一不可。安定向来是金牛座认为的灵魂，亦是想慰藉的清泉。灵魂在金牛的思想中是具象的，独占安定、胁迫安定都不是自私的产物，只是因为太过渴望而想要喝到的清泉。无论多远，只要知道便不会停下脚步，无论多远，也绝不让任何人玷污那清泉。

若不是缘分，巨蟹一定不会如此莽撞地触碰那湾清泉；若不是缘分，金牛也不会脑洞大开地认为那湾清泉里生存着一只小螃蟹，也反倒羡煞旁骛还怡然自得……金牛虽是一种执拗的动物，但是她拥有的宠爱，若是有人争，她就会退步。她让你自己选择，看你是否真心愿意留在她身边。巨蟹也许有时候会游出泉眼，但都无法忘记在泉眼中的日子。虽然泉水静悄悄，有时候巨蟹待在最深处的泥底时才能真真地看见她冲破混浊的泥土化作丝丝涓涌，那是一种清澈得让人怜惜的坚持。看久了，心会疼，似化作一种不同的洗礼。巨蟹像是一只尘世间的游鹰，飞落到玄庙深宇之上，久熏每日青铜钟声琅琅佛颂，便学会了怜悯、安宁。不再有不喜欢漂泊而又遭遇着颠沛时的对抗，不再是背起重重的壳横行霸道没有目的没有坚定的眼神，渐渐地也学会了坚定。也许还没有到执着，没有到执拗。多了对生活的肯定，在笑看命运癫狂的一浪一浪抚慰时，可以很明确地在心里鄙夷：呵呵。

——两个人之间的故事可能只有两个人懂，仅借此文弥补对金牛座老婆迟到的表白：谢谢你！Ciel！感谢你让我学会了坚持和不放弃，感谢你给予我事业的帮助和家庭的慰藉，感谢你包容和理解同我在一起后走过的风风雨雨。因为有你的执拗，我也永不言弃！我愿意比你多说很多遍“我爱你”，也愿意将这三个字永远埋在心底，不输于你的深度。

图：因你的坚持，我们将走遍世界各地，顺便到过珠峰。

@郑媛舒

致过去、未来的他：

过去的你，我终于学会放下了，不管将来我们是否能在一起，你都是我永远的牵挂，你都是我亲密的朋友。

未来的你，在哪儿呢？怎么还不出现？好吧，原谅你那么迟才来，只是来了以后，可是要陪我一辈子的，知道吗？陪我慢慢到老，可好？

@张曦文：

感谢你一直以来包容我的无理取闹、无事生非、无中生有、无法无天，让我在这宠溺中把这平平淡淡的日子竟也过出些轰轰烈烈的意思~感恩有你~

@天津心港湾心理咨询室郭楠

对爱情的看法：作为情感咨询师，也会常被问到，为什么感觉现在的女人越来越物质了。我会这样告诉他们，有时候我

们需要换位思考一下，也许并不是现在的女孩子或她们的父母有多物质，只是她们并不知道怎样考量对方的诚意和是否值得依靠，也没人教她们如何去看……所以她们宁愿用看起来有所着落，看得见又摸得着的车子、房子等作为一种依靠。哪怕有一天爱情没了，婚姻没了，起码还有这些东西可以给她们带来一些“安全感”和依靠。所以男孩子们，请不要一味地抱怨她们太物质，只要你能给她们带来真正的安全感，也许所有对物质条件的苛求都会烟消云散。所以，请相信爱情吧，万一实现了呢？

@彼岸花香宝贝

有一种爱别名叫痛，没有爱，哪来的痛？没有痛，又怎么去体会爱的真正含义？既然爱了，就不要怕痛。如果你害怕伤害，害怕疼痛，只能证明一点，你还不够爱他。

共同策划人

@曾媛燕

我们的认识非常神奇，你在法兰克福，我在深圳，可我们就这么认识了。每天通过wechat聊天、视频，终于在复活节我们在德国见面了。你很体贴，每天给我做热腾腾的早餐，我给你做你最爱的饺子，我们还约定夏天再见面，希望我们有好结果，谢谢你。——Little Grey Bunny

@红一朵随意的花

支离破碎的是昨日，我的爱恨情仇，

有如一江春水，奔腾而去。

美丽如初的是心灵，想留着那清澈，

携手明月清风，与君共赏。

激情飞扬的是文字，找寻爱的方向，

伴着知己好友，逍遥人世。

色彩斑斓的是童话，男男女女的缘，

随着缘起缘灭，峰回路转。

永不褪色的是希望，友人的一个笑，

亲人的一个吻，让爱蝶舞。

绝口不提的是爱情，好笑似我的心，

每每孤枕难眠，幸福难求。

娓娓道来的是过去，想创立的未来，

总是遥不可期，默默守望。

心有灵犀的是欲念，谈谈情说说爱，

似乎寂寞跑了，灵魂安了。

美奂美轮的是梦境，恋着梦中的人，

依偎在他怀中，不愿醒来。

触目惊心的是人间，爱不上任何人，

也没有人爱我，孤孤单单。

——绿一朵随意的叶

@彼岸花香宝贝

真爱一个人，就是发自内心的关心与呵护，而不是口头承诺，更不是做给外人看的。爱，是要用心去体会，你真的爱他，就会让他先住在你的心里。

@曾惠文

亲爱的清，谢谢你两年来一直陪伴我，支持我，我知道我过去做错了太多，想得也太肤浅了！这个男人，在你离开以后，他已经长大了，不会再像过去一样总是让你伤心难过受委屈，还要你担惊受怕！如果没有你，我根本没有勇气去面对过去所犯的错和所经历的事情；如果没有你，我根本不可能会有这么大勇气去改变自己！请你原谅我，未来由我创造。虽然我不会很有钱，但我愿意陪你一起过属于我们的平淡生活！我再也不会让你一个人承担那么多事情，再也不会让你受一丁点儿委屈。无论何时何地，请你牢牢记住：别怕，因为有我在！

吴玉清，我爱你，请你嫁给我吧，我会用我的爱一辈子呵护你，关心你，让你每天都开心，我一直会陪伴在你左右！我会努力创造这个只属于我们的温暖，充满甜蜜的家，这个家永远是我们温馨的港湾，好吗？

永远爱你的人：曾惠文亲笔！

@李小燕

我能想到最浪漫的事情就是和你一起慢慢变胖，直到我们胖得哪儿也去不了；你是岸，我是船，你是太阳，我为你转，幸福有你才能算，给我世界都不换。Forever love!

@泉

1. 我称呼你为哥们儿，说明你的位置很不一般了。
2. 如果我不是gay的话，肯定会对你很来电。

独家表白

@马小喵

我一直坚信！有一个人注定是来爱你的！不管他是以什么方式出现^_^

我们从工作搭档变朋友，变知己，变情侣，一切就这样自然地发生了。

因为你，我可以天天都开心幸福地大笑！我相信，你就是我最终的栖身之所！谢谢你陪伴我，宠爱我，谢谢你爱我！

亲爱的，我也爱你！快来把我娶回家！

@高晓彬

王八蛋，我不会去找你，但是如果你回头，就会发现我一直都在原地等你。我还是会每天做不好吃的给你吃，哈哈。

@黄娉婷

I LOVE YOU！AND ONLY YOU！Sophie

@庄丽媚

我不需要腻歪聒噪的恋爱，只需要背靠背不语的轻松，或是品尝好酒时相伴左右，抑或德云社专场，你我捧腹得不能自已。与其轰轰烈烈做情人，不如柴米油盐做亲人。比起情人，亲人更重要。赋予你亲人身份的那刻，我便告了白，可惜你不懂……

@马琳

亲爱的某猪：

不知不觉，大家相识一年了，回忆这一年的时光，充满了酸甜苦辣。每当我感到工作失意时，感谢你一直在我身边鼓励我，陪伴我，让我坚强地面对。我总是喜欢把忧伤隐藏，总希望通过帮助别人给身边的人带来欢声笑语来证明自己价值的存在。只有你能够看出我阳光下内心里那一抹黯淡的忧伤。一直以来总喜欢把自己掩埋在黑夜，也只有这样对我来说才是最安全的释怀。我没有一颗强大的心脏，总是希望有一个温暖的臂膀来依靠。如果爱我，就请深爱，牵了手就要走一辈子，不要放手。如果我认定你，那么无论将来多么艰辛，也有信心要好好过，彼此做到不发脾气，并努力去寻找生活乐趣，不厌倦婚后的生活。五十年后，陪在我身边的那个老头子，希望是你。到那时候，你还愿意将我揽在怀里，就像现在一样，不嫌弃！这才是真正的爱情：包容、理解、信任、支持、互相沟通、努力去经营，两个人才能更幸福。希望未来彼此这些方面可以做得更好。成熟不是看你的年龄有多大，而是看你的肩膀能挑起多重的责任。好男人喜欢一个人会用心，诚心相待，真心交流，恒心相守。不要计较太多的得与失，要学会用一颗宽容的心包容对方的缺点与失误。因为经常被欺骗，导致了现在患得患失的性格，希望未来的日子里两个人在一起，除了相爱，还要沟通、包容。我不知道我们能不能有幸走到白发苍苍的时候，爱情里，没有规则，没有对错，没有英雄，没有智者，更没有天才……到时候只会有两个傻瓜，牵着彼此的手，傻傻地爱着，傻傻地生活着，又傻傻地度过一辈子。某猪，你是那个愿意陪我傻过一辈子的瓜吗？

——爱你的泪儿

@赵芮希

还记得三年后我们再次重逢的那天是8月9日，你比以前更显成熟了，而我们也聊了之前彼此不知道的许多事。记得11月份我们一起在双廊的日子，天空格外蓝，空气里的味道是甜的，我把你定格在了那里，因为在双廊的日子是你留给我最美好的记忆，也是我最开心的日子。你为我做了停留，可是却不是留下，留下来就要束缚住你的人和内心，那样的日子你不愿，我也不想。我们一直都会在这个城市里，无论你何时愿意相见，我都还在这里。

@小静

致阿雄：

我不知道你会不会看到琪琪老师这本书，会不会看到我的表白，我们认识一年零八个月多了，其间我们有过很多矛盾，我的朋友家人都不支持我继续对你等待！甚至叫你消失在我生活里～现在你告诉我，你不想再漂了，我又看到希望了。我不会放弃的，我会等你～但不会是永远。我给自己一个期限，2018年6月30日，要是我们还没能在一起，那我不会再坚持。

现在我只希望你能工作生活一切顺利～永远开心。

@黄菲

亲爱的柳鹏程先生～我的第一任男朋友～啵一个～么么哒^_^希望我们好好哒～保佑你一生平安快乐～身体棒棒哒～赚钱多多哒～

@没有称谓的宁宁

亲爱的小华：

真的好想去爱你，像所有夫妻那样，付出真心去照顾你，和你一起过最平凡的生活。

真的好想去爱你，想你所想，爱你所爱，一起分担各种忧喜，朝朝暮暮到白头。

真的好想去爱你，听你唤我老婆，为你生个宝宝，看着他，就像小小的你。

“世界上最遥远的距离，不是我站在你面前你却不知道我爱你，而是明明相爱却不能在一起。”是我配不上你，才使得你家人不愿接受我，才让你不敢爱我，将一切归结于亏欠和感恩。如果说对你太好是错，那我已经一错再错，但我并不后悔，因为有你，我仍感到幸福。

未来，无论我们是恋人、朋友或者陌生人，我都感谢你的陪伴，因为你的出现，让我变得更加完整。但愿，你我都不需后悔，因为，我曾用尽心力爱过你。

@张云清

陆琪，我爱你，永远地支持你！

@朱婉秋

Jimmy，你就从了我吧！

@周骅

于千万人之中遇见你，在时间无涯的荒野里，没有早一步，也没有晚一步，你我相遇。感谢缘分，感谢你，愿你我携手相依，走到人生的尽头！新婚快乐，我爱你老公，么么哒^^

——爱你的老婆

@李丽仪

丽仪：坚强点儿好吗？生存的唯一依靠就是嫁给那个坚强的自己！谁都不能把自己压垮！加油吧！

@安琪

小飞，我爱你。

当你得知心脏不好很害怕而要去跑步的时候，你知道我有多甜蜜吗？

这意味着你很在意不能陪我更长的时间，意味着爱。

因为就我来说，

遇见你之前，

并没有想活得很久。

可是在遇见你之后，

一切都不一样了，我渴望多一点，再多一点回忆。

我不再为了自己而活，我有了想去守护的人。

我向他承诺过我到很老很老的时候，都会和他一起并肩坐在湖边，双脚溅着水花看夕阳……

我不想遇见了真爱的人，却好多事情来不及和他一起去做。

就拿“环球旅行”来说，

一望无垠大草原的星空下，

海边巨大礁石拍打着浪花，

都需要时间去堆积，

去串成闪亮的纪念册，

这样，

老了，

才会问心无愧地说：

我这辈子过得很过瘾……

遇见你，一切都值了……

@侯杰

阿姨，在一个深秋里，有您，有我。晏平阿姨安好。

@梦梦

马伯庸说，最好的人生是做个地主老财，在葡萄架下乘凉，然后有个胖丫头过来可以掐一下脸蛋。

@石玥

石玥对陈尧说，亲爱的，咱们好好过吧，我敢嫁！

@曹亮

男人都是骗子。

@韩桃

希望陆老师的活动能够取得圆满成功。

@程芳芳

小语说：小午午午！

@张琳

哇！要向你表白，真的好激动啊！表白该说些什么呢？说说你是什么时候走进我心里的！从看到姜新禹的那一眼，我就喜欢上了你，也是从那一刻，有关你的一切，我都开始关注。你对演戏认真努力、对音乐执着热爱的态度，是那么令人心动！才华横溢、热情认真、温柔阳光、活泼帅气、魅力四射的你是那么美好！你就是浩瀚星空中一颗闪亮的星，万人注目！而我是无垠沙海中一粒平凡的沙，无人问津！虽然我们距离如此遥远，却阻挡不了我对你的喜爱！在这里我要对你说：郑容和，我喜欢你！哥哥I LOVE YOU！——张琪

@童秀丽

做最好的自己，遇最好的你。

@兰雪峰

喜欢，就是淡淡的爱。爱，就是深深的喜欢。我希望以后可以不用送你回家，而是我们一起回我们的家。

巴娇，相信我，我会用我的一生去呵护你。今生今世我会永远爱你。爱你的兰。

@李佳

鹏，赞，万，军：离开很久了，当我不在你们身边的时候，是否有人给你们带来欢笑呢？我还在一路前行，寻找属于我的幸福～～

@卢一萍

工作以后，我一直在期待爱情，可是我的爱情之路一点儿也不平坦，一直找不到互相匹配的那个人。曾经的我特别特别喜欢一个人，因为他，我开始了有生以来第一次也是最后一次的倒追，因为打那儿以后，我再也没有那样的勇气。得不到的永远是最深刻的，两年过去了，我还是忘不了他，经常期待着与他的不期而遇。如果能再见到他，我想说句：“你还好吗？”现在的他应该过着幸福的生活，在未来的日子里，我希望自己也能获得爱的正能量，在漫长的等待中能遇到对的那个人，择一人，择一城，携手到老！

@彭静斐

致Mr.M：纵然你我再见如陌，依旧祝你幸福快乐。也感激你曾经为我所做的一切，每一点一滴都记在心里，它们都曾经是我心里最温暖的记忆。——泡芙

@赵子程

如果你记得我，那就记着吧，别忘了我，因为我从没想过把你忘了。如果你念着我，那就念着吧，我也在千里之外的夜空下念着你。

其实你我都懂的，爱与被爱都不可割舍。我爱你，你也爱我。

@李蕾

亲爱的陈先生，虽然我们相识仅半年，但从我娇羞地抓住你手腕的那一刻起，我就认定了你。虽然你没有“别人家的男朋友”的温柔浪漫，但你有你的体贴幽默。即使我偶尔的无理取闹也会让你恼火，我从不妥协认错的坏脾气也会让你无奈，但是你都让着我，宠着我，带给我满满的幸福感。陈浩，我爱你，这辈子我只认定你！

@葛靖雯

从看见你的第一眼开始，我就觉得这个男生会很优秀，人会很好，事实证明我是对的。不知道什么时候开始喜欢你，应该是仅仅见了你几次以后，一直到现在，不可自拔。我相信你的能力，也相信你的未来一定是美好的，你的选择都是对的，你也一样要相信自己。阳哥，我喜欢你，特别想和你在一起，虽然不知道结果如何，但我永远都会支持你。

@李园园

希望可以体验一见钟情的感觉，当看到他的时候，心跳可以非常肯定地告诉自己，我爱上他了。可惜，目前只有发工资的时候心跳才有如此强烈的跳动。

@王小姐

勤奋、宽容、有责任感，这样男人的身旁，该是怎样的女人？——Katya

@姚正才

是你的就是你的，不是你的永远不可能是你的。虽然是你的，但是你却无动于衷，这样也是你的吗？世上没有守株待兔那么好的事发生在你身上。

@岳少阳

我从来不相信一见钟情什么的，但我在第一次见你的时候就喜欢上了你，当时觉得这个女孩子耽误了这么多课不会跟不上吧，结果比我整整高了300分。快毕业的时候，他们看到的是我在老唐课上给小刘写信的时候哭得一塌糊涂，却不知道是我在写信的时候，提到了你，为我不能留住你而感到遗憾和悲伤。现转眼离下一次高考就剩70天了，谢谢你每晚对我的鼓励和支持。我不会辜负爱我的人，是你改变了我的人生。昨天和你聊天，临走的时候，我给你发了好多窗口抖动，你说我傻。当时屏幕前的我，满眼都是泪花，你知道那满是我对你的思念吗？我不敢轻易许下承诺，宋宋，只能让时间来求证。我爱你（づ－3－）づ

@梅雪旻

茫茫人海，这么多人，这么大的世界，我遇到了你，你也遇到了我，真好。只想说，我很感激，你能出现在我的生命里，让我有了心动的感觉。原谅我不敢对你说，因为我的矜持、我的胆怯。不知道你对我什么感觉。我只知道，现在我是爱你的，没有什么目的，只是单纯地爱你！更像一场单相思吧。爱情是这样让人苦恼！都说让人无法自拔的，除了牙齿，还有爱情。也许爱你是一件很痛苦的事，可是比这更痛苦的，是不爱你。那么，可以的话，就让我像现在这样单纯地爱你吧！

@大琴

我是陆老师的忠诚粉丝，大爱你们哦，宋琴琴！

@王蕾

老公，我要和你啪啪一辈子，嚯嚯 ╭(╯3╰)╮

@苏文靓

我的极品前任们！我不会为你们男人掉一滴眼泪！不要我你会后悔的！！我一定会比你们过得更好！

@孙秀兰

秀兰，咱们相知相伴相守，以后的每一天我还会比前一天更爱你。——张鑫

@刘洪军

一定是我不够爱你，我不肯为你说谎，不肯为你变得温婉。

如果那些倔强都是错的，我愿试着去改变。

你会有一个更好的她，而我的余生，再也没有你。

如果还有下辈子，我会请求晚投胎几年。

幸福的场景不一定要有结局，仅仅是你在，我也在，便足以温暖良久。——权莹浩

@陈丹

Hold hands and grow old with you! 猪猪（小迪）&兔兔（老丹）结婚吧！

@燕子

亮：你还记得那个怀旧电台吗？那是我们相识的地方，以前我总喜欢拍摄完毕后就去听，慢慢发现挺喜欢那电台的，后来就加入了搜寻小组，第一次与你合作寻找张宇的资料和歌曲，其实那段日子很简单也很快乐，也是从那时候开始我已经喜欢你了，但一直都没有说，是因为我觉得如果很喜欢很喜欢一个人，那么保持一个朋友的距离就够了，这样可以一辈子，千万不要奢望靠近，人一旦有了贪欲就注定要失去。但到最后又认为喜欢就是喜欢，就要说出来，可我被拒绝了。在深圳，我以为我可以很潇洒地离开你，但原来我做不到。临走的那一刻，我很想好好地和你道别，不想有遗憾，可没想到你一直都没来。记得有人说过：暗恋好像泡菜一样，腌得越久越入味，但一晒就死。

请你要幸福。

@黄娇

转眼间，二十年过去了。今天才真正地令我懂得什么是亲情，什么是所谓的友情。令我失望的是，当我遇到困难时，是友情让我更加明白亲情的可贵之处啊！爸爸妈妈永远是你坚强的后盾，是你躲避风浪的港湾。我爱你们，爸爸妈妈。

@小羽

婚姻不是将就，也不是最优，而是找一个人能一辈子把你当作手心里的宝，以你为荣，也能包容你的不足。婚姻什么时候都是一辈子的事情，执子之手，永不放手！O(∩_∩)O小羽

@佳佳

S：在这座浮华而孤单的城市，你是第一个给予我温暖的人，谢谢你。陆。

@卓春兰

赵小全，从遇见你的那天起，你就走进了我的生命，谢谢你这么久以来对我的爱，在以后的岁月里，我希望我们能携手共度，互敬，互爱，互谅，我会一直在背后支持你的！

@郝晶

我人生的每个挫折和低潮阶段都是家人朋友陪伴着我，在

这里我要说我爱你们，也感谢给我挫折的人和事，他们使我更成熟。

@彭碧丹

祝陆琪老师书大卖，能够继续出新书！

@rourou

亲爱的呆呆：恭喜你找到了真爱，祝你和你的小恐龙永远生活在恐龙世界，不要重返人类世界了！珍重！

@纪鑫龙

2013年8月5日，我遇到了我家的小晶晶。2014年8月5日，我和晶晶正式领取了结婚证书。如今2015年了，不知不觉，已经走过了一年半。抱歉啦晶晶，没能做得更好，让你对我更加地信任。我始终认为，让女人伤心的男人，总有他不对的地方。希望在以后的岁月中，我们能不在外人面前大声争吵，不在争吵中翻对方的旧账，不将不礼貌的用语用在对方父母的身上，不乱扔东西，不说伤害彼此的话，不说赌气的狠话，更不轻言离婚，学会在争吵中彼此认错，彼此宽恕。作为男人，我想我更应该做得更好。每个人，都有属于他（她）自己的人格魅力，作为夫妻，彼此之间尽可能放大对方的优点，包容对方的缺点，互相欣赏，才会更加和谐。能遇见，是缘分；在一起，是福气，我很珍惜我的婚姻，珍惜自己的小家庭。刘晶，我爱你！执子之手，与子偕老。纪，写于2015年3月28日。

@无名

鹿同学，你是我心底深刻的烙印，爱你不后悔！

@岑陶然

陆琪老师的书都是好东西，女性同胞们都应该看看！分享一句网上的语录：如果缘分让彼此走不到一起，不要哀怨，也不要用责任和道德绑架彼此。生活还要继续，放爱去飞，各自安好。——和果子军团

@宋婧雯

做最好的自己。

@吴莹

有没有一双手，握住了就不轻易放开。有没有一个肩膀，依靠一辈子都有安全感。有没有一场拥抱，让两个人紧紧地再也不

分开。有没有一句誓言，就算两鬓斑白，步履蹒跚，也要携手共度。有没有一种约定，相约一个来生都要和你相遇。

@王姗

“吾念，漠谦人。”

@李娟

爱上自己，读懂男人，才会收获美好的爱情。

@月婷

释迦牟尼说的一句话：无论你遇见谁，他都是你生命里该出现的人，绝非偶然，他一定会教会你一些什么。——若无相欠，怎么遇见。

@潘佳琳：

TO ZB：

我知道我不够好 如果我是你 我也不爱我

因为你 我才知道

那时 有人可以夺走我所有目光 人群之中遥遥锁定 时间刚好 你眼角带笑

现在 有人不是忘不掉 只是舍不得忘掉

但是好谢谢你 真的 好谢谢你

因为这么喜欢过你 我的青春才有这么绚烂的一笔

可是真心喜欢过的人没法做朋友 因为再多看几眼 都还是想拥有

我们都没错 只是不适合

所以 我就在一个你不知道的地方 或远或近 默默祝福你吧

我记得你特别喜欢的一段话 你送给自己的一段话 你写在某篇月考作文里的一段话

我不去想是否能够成功 既然选择了远方 便只顾风雨兼程 我不去想身后会不会袭来寒风冷雨 既然目标是地平线 留给世界的只能是背影

挺好

那么现在 在这段话跃于纸上变成铅字的两个月前的现在 希望两个月后的我们在考场上对得起自己的努力 希望五个月后的我们 站在想去的城市 开始新的生活 新的征程

希望你好 不会感冒 不会心情烦躁

太阳尚远 但必有太阳

么么哒^^

——PJL

@于博伟：

我的生活因你而美丽，我的人生因你而精彩，划过你耳边的微风，是我告诉你：亲爱的，我爱你！

@张译文：

杨晓川先森，我想讲给你听我的人生梦想：一夫一妻，一儿一女，一生一世，一起看世界。你愿意与我共同达成吗？（你必须回答：我愿意！）